# 有淚不輕彈動物圖鑑

監修 今泉忠明　譯 林冠汾



晨星出版

## 序言

# 只有人類會哭泣!?

大家還是小寶寶的時候動不動就愛哭，對不對？因為那時候只能夠用哭泣來表達。不過漸漸地，大家就變得不愛哭了。長大之後，遇到悲傷、開心或感動等時候，我們會掉眼淚。這是因為隨著成長，我們的情感會變得敏銳，也會受到情感的影響而掉眼淚。

情感來自於大腦，甚至可以說只有大腦發達的人，才會有豐富的情感。尤其是「想哭」的情緒，似乎是人類特有的專利。

動物們會以與生俱來的樣子，自然

面對生活。看著動物們淡定過活的模樣，人類會有「想哭」的情緒，是因為設身處地而對動物產生憐憫。

舉例來說，如果看見北極熊媽媽在暴風雪之中，讓累得走不動的小北極熊吸母奶的畫面，應該會有人「想哭」吧！那是因為人類會憑著想像力，想像自己是北極熊媽媽，就會覺得「想哭」。理所當然地，也會有同情動物的情感。

只有人類懂得想像其他動物的心情，並且理解、關懷動物。

本書監修者　今泉忠明

# 目錄

Chapter 2

# 第 2 章

Chapter 3
## 第 3 章
# 令人心疼的育兒辛酸
為了育兒奮不顧身！ 

Chapter 4

# 第4章 令人心疼的滅絕紀錄



## 令人心疼的真實故事

Chapter 1

# 第 1 章

## 【令人心疼的一生】

究竟是你死還是我活？在這個章節裡，將告訴大家有哪些動物過著辛苦的野外生活。

# 野外生活一點也不輕鬆！

地球上光是目前發現的動物，就大約有兩百萬種的種類。雖然地球是一個「弱肉強食」的世界，但不能因為是弱者，就呆呆地等著被吃掉。所以，有些動物逃跑速度很快，有些動物則是會反擊對抗敵人，大家都努力奮鬥活下去。

至於強者，牠們常常會捕捉不到獵物，或是一個沒有攻擊好，反而被獵物反擊，害自己受傷。

若是有一身捕捉獵物的好功夫，就能夠存活下去。不過，如果大家都有一身好功夫，獵物的數量

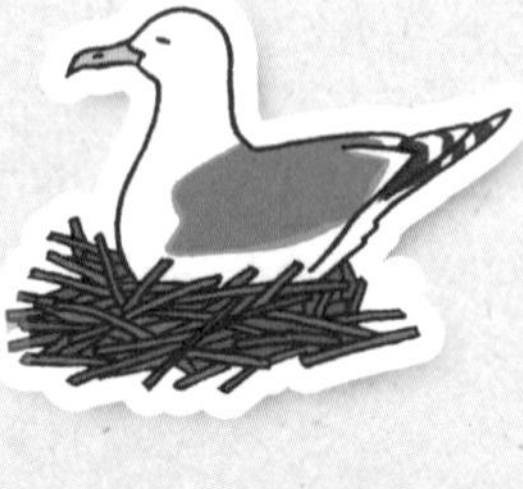

將會瞬間減少。這麼一來，獵捕的那一方就會餓肚子，數量也會漸漸變少。一旦獵捕的那一方動物數量變少，被獵捕的動物數量就會增加。那麼，獵捕的那一方動物數量也會逐漸增加。

自然界的動物總是像這樣反覆增加或減少，維持剛剛好達到平衡的數量。

你是不是覺得身為強者的動物可以輕鬆過日子，心裡好羨慕呢？其實身為強者的動物也會有捕捉不到獵物，最後挨餓死掉的情況。過著野外生活的動物們不是你死就是我亡，一點也不輕鬆。

# 有時候會在冬眠中活活被凍死。

含淚指數

# 睡鼠

◆名稱：日本睡鼠
◆分類：哺乳類齧齒目
◆分布：日本本州、四國、九州
◆體型：身長6・1～8・4公分

睡鼠從秋季到春季，有整整半年的時間都在冬眠。冬眠時，睡鼠的體溫會接近0℃，大概每三十分鐘才會呼吸一次。為了盡量避免消耗能量，睡鼠幾乎是動也不動地一直睡覺。這段時間，萬一被狐狸或其他天敵發現，就沒命了。睡鼠會在樹洞裡或是在樹枝上築圓形巢，窩在巢裡冬眠，但有時候樹幹或樹枝會斷裂，害得睡鼠摔落到雪地上。摔下來後如果醒來，就會移動到其他地方，但也有睡鼠就這麼繼續呼呼大睡！繼續呼呼大睡，當然就會凍死在雪地裡。

含淚指數

# 天堂鳥

名稱：藍天堂鳥
分類：鳥類雀形目
分布：新幾內亞島中部
體型：全長30公分

## 經常被甩得灰頭土臉。

天堂鳥又稱為極樂鳥。天堂鳥的公鳥擁有茂盛的飾羽，外表十分美麗。

公鳥向母鳥求婚的時候，會展開美麗的飾羽來吸引對方。不僅如此，公鳥還會在樹枝上踩踏腳步，一副像在說「快看我這一身帥氣模樣！」的態度，熱情如火地跳起舞來。

不過，很多時候母鳥會毫不理會地飛走，公鳥就這麼被甩了。

含淚指數

# 獅子

- 名稱：獅子
- 分類：哺乳類食肉目
- 分布：非洲
- 體型：身長140～250公分

## 如果打架輸了，就會變得孤零零。

獅子也稱作萬獸之王。一般都是以1～3隻的公獅為中心，再加上母獅和小獅子們組成獅群。母獅會幫忙狩獵，公獅則負責保護獅群。

當其他外來公獅闖進獅群的地盤時，獅群裡的公獅會奮力對抗，但有時候對手會是年輕又強壯、飄浪四方的公獅子。

一旦獅群的公獅打輸了對手，對手就會奪下獅群，原本

的公獅會被趕出獅群。這麼一來，被趕出獅群的公獅會變得孤零零的，有時候甚至抓不到獵物，很快就會死去。

還有，奪下獅群的公獅會成為新老大，大多會把前老大的小孩殺光光。這是因為正在養育小獅子的母獅不能生小寶寶，但如果小獅子死了，母獅就能夠再生小寶寶。於是，新來的公獅就可以和獅群裡的母獅生育屬於自己的小寶寶。

# 一隻接著一隻撞上來，所以一隻接著一隻墜海。

含淚指數

## 旅鼠

- 名稱：挪威旅鼠
- 分類：哺乳類齧齒目
- 分布：歐洲
- 體型：身長7～15公分

如果去到北極圈等寒冷地區，可以看見旅鼠的同類夥伴。說到旅鼠，最有名的傳言就是牠們會「集體跳海自殺」。不過，這個說法是錯誤的。

旅鼠的數量一旦增加，就會為了找食物遷移到別的地方居住。遷移過程中，走在前頭的旅鼠來到海邊或河邊時，就算想掉頭往回走，也會因為後面的旅鼠一隻接著一隻跟上來，而無法往回走。結果就一隻接著一隻墜海或墜河。人們因為這樣，才會誤以為旅鼠是在「集體自殺」。

# 即使奮力搏鬥，還是經常全軍覆沒。

含淚指數

## 日本蜜蜂

名稱：日本蜜蜂
分類：昆蟲類膜翅目
分布：中亞～中國等地區
體型：身長10～12公厘（工蜂身長）

對日本蜜蜂來說，大虎頭蜂是可怕的敵人。這個可怕的敵人會攻擊牠們的蜂窩，並且吃掉幼蟲。

不過，日本蜜蜂也不會乖乖等死。牠們會聚集好幾十隻或好幾百隻團團圍住大虎頭蜂（這個現象稱為「蜂球」），然後集體發熱蒸死大虎頭蜂。

雖然日本蜜蜂擁有如此驚人的絕招，但只有在大虎頭蜂數量少的時候，才有機會致勝。如果是遭到大批的大虎頭蜂攻擊，很多時候還是會全軍覆沒。

# 一出生就開始自相殘殺。

含淚指數

## 螳螂

- 名稱：大螳螂
- 分類：昆蟲類螳螂目
- 分布：日本、朝鮮半島、中國等地區
- 體型：身長68～95公厘

螳螂產卵後，一次就會孵化出大約100～250隻小螳螂。不過在野外生活，即使一次孵出這麼多隻幼蟲，也不是每隻幼蟲都吃得到食物。這麼一來，會怎樣呢？小螳螂居然開始吃起彼此，必須靠著吃自己的兄弟姊妹，才能夠健康長大。而且不只有幼蟲才會這樣，如果沒有食物，成蟲也會互相殘殺。

不僅如此，螳螂在交配時，雌螳螂有時會從頭部開始吃起雄螳螂。雌螳螂會把吃進肚子裡的雄螳螂化為養分來產卵。

# 專偷鳥巢樹枝的小偷就住在隔壁！

含淚指數

## 海鷗

名稱：海鷗
分類：鳥類鴴形目
分布：歐亞大陸等地區
體型：全長40～46公分

海鷗會在海邊或港口等地方生活，但不需要築巢。不過，到了交配期，海鷗會到蛇或其他敵人不容易靠近的懸崖、岩石堆等地方產卵，會為了養育海鷗寶寶而築巢。

海鷗會到處去撿來樹枝、木片，做為築巢材料。這時，愛耍小聰明的傢伙也會跟著出現。當海鷗忙著收集築巢樹枝時，在隔壁築巢的其他海鷗就會跑來偷樹枝。不過，被偷走樹枝的海鷗似乎不會發現家裡遭小偷的樣子。

含淚指數

# 樹懶

◆名稱：二趾樹懶
◆分類：哺乳類披毛目
◆分布：南美洲
◆體型：身長50～70公分

## 冒著性命危險在嗯嗯。

樹懶是一種個性非常悠哉的動物，牠們會垂掛在熱帶雨林的樹枝上睡覺，一天會睡上二十個小時以上。就算醒過來，樹懶也幾乎不會移動到別的地方。牠們不慌不忙地啃食葉子，幾乎所有時間都是在樹枝上過活。不過，每1～3星期，樹懶會爬到幾乎跟地面接觸的位置。因為要排便。樹懶會抱住樹幹慢吞吞地爬下來，然後嗯嗯或是小便。

樹懶可說是冒性命危險在嗯嗯。因為在樹上就不容易被敵人發現，即使一直待著不動也很安全，但明明動作慢吞吞，還跑到接近地面的位置，萬一被美洲豹等敵人發現，樹懶想逃跑都來不及，一眨眼就會被敵人吃進肚子裡。

為什麼樹懶寧願冒這麼大的危險，也要爬下去嗯嗯呢？其實樹懶的祖先原本是在地面上生活。因為這個緣故，到現在樹懶只有在想嗯嗯的時候，才會跑到地面上，而不在樹上解決。而且，樹懶的糞便也可以成為樹木的養分。

# 睡覺不能超過十分鐘，不然就會溺死。

含淚指數

## 儒艮

- 名稱：儒艮
- 分類：哺乳類海牛目
- 分布：印度洋～太平洋西南部沿岸
- 體型：全長3公尺

因為雌儒艮在餵小寶寶喝奶時的姿態很像人類，所以儒艮也被稱為「人魚的原型」。儒艮一般棲息在暖和的淺海域。

不過，儒艮是靠肺部呼吸的動物，所以不能像魚類一樣一直待在海裡。必須每隔十分鐘就把頭探出海面呼吸。就算是睡覺的時候，也必須為了呼吸，每十分鐘醒來一次。雖然儒艮的外表一副悠哉樣，但其實過得相當慌忙呢！

# 老是忘記把橡果藏到哪兒去。

含淚指數

## 松鴉

名稱：松鴉
分類：鳥類雀形目
分布：歐亞大陸、北非
體型：全長30～35公分

橡果是山毛櫸科樹木的果實。松鴉最愛吃這種果實了。松鴉撿到橡果後，除了會當場吃掉外，也會很珍惜地埋在土裡保存。這麼一來，到了冬季，松鴉也可以盡情享用牠最愛的橡果……照理說應該是如此，但可悲的是，松鴉經常忘記自己藏在哪裡。

不過，這對橡果來說，是一件好事。為什麼呢？因為動物撿走橡果，還埋進了土裡，最後因為松鴉忘記埋在哪裡而沒被吃掉，讓橡果有機會發芽成長，森林也會變得繁盛。

含淚指數

# 獵豹

◆名稱：獵豹
◆分類：哺乳類食肉目
◆分布：非洲～西南亞
◆體型：身長112～150公分

## 明明是個飛毛腿，卻老是抓不到獵物。

獵豹是陸上奔跑速度最快的動物，最快可以達到時速112公里。

獵豹之所以能夠跑得這麼快，是因為牠擁有輕盈靈活的身軀，以及媲美釘鞋般的爪子。獵豹利用這些優勢，讓全身變成像彈簧高高彈起，用力蹬踏地面，讓自己健步如飛。

一旦被獵豹盯上，就難以逃開牠的追捕……你是不是也這麼認為呢？其實不一定是這麼回

事喔！

因為獵豹總是用盡全身的力量在奔跑，所以很快就會累到沒力。獵豹能夠全速奔跑的距離竟然只有短短400公尺！另一方面，時速只有90公里的跳羚等動物，雖然會被獵豹當成獵物，但牠們能夠長時間奔跑。當獵豹追上來時，跳羚只要順利閃過獵豹一次，就能夠成功逃跑。

因此，獵豹的狩獵成功率只有10%左右。那也就算了，很多時候獵豹就算成功抓到獵物，也會被獅子或鬣狗等強悍的動物奪走。

含淚指數

# 白蟻

名稱：散白蟻
分類：昆蟲類蜚蠊目
分布：日本全土、朝鮮半島南部
體型：身長4.5～7公厘（工蟻）

## 一出生就要努力工作到死。

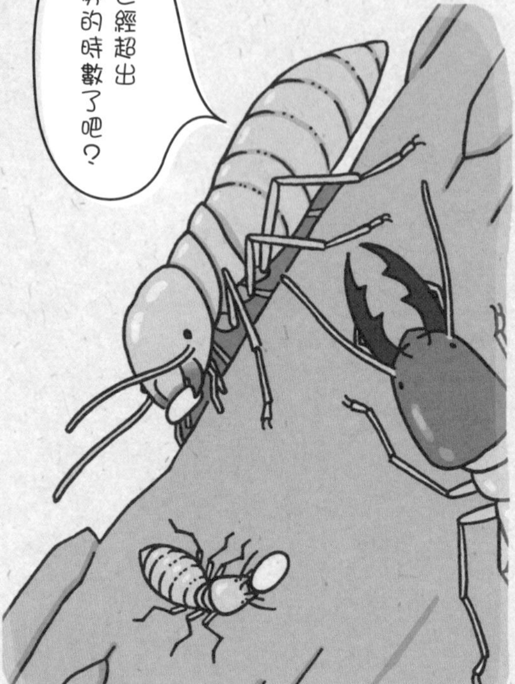


白蟻是危險的蟲類。因為白蟻會啃食木頭，萬一讓牠們在木造的房子住了下來，不趕緊撲滅的話可就糟糕了。雖然白蟻的名稱裡有「蟻」這個字，外表也長得像螞蟻，但其實是和蟑螂比較相近的昆蟲。

每個蟻窩會各有一隻蟻后和一隻蟻王為中心，還有負責守護蟻窩的白兵蟻以及白工蟻。白工蟻出生沒多久後，就必須負責照顧幼蟲、打掃蟻窩、尋找食物和搬運食物，幾乎所有的工作都攬在身上，一直努力工作到死。

# 為了照顧藍鯨寶寶，還要絕食三個月！

含淚指數

## 藍鯨

名稱：藍鯨
分類：哺乳類偶蹄目
分布：全世界的海域
體型：全長25～33公尺

藍鯨是地球上體型最大的動物，蝦子的好朋友「磷蝦」是牠們的主要食物。正因為藍鯨擁有那麼壯大的體型，食量當然也相當驚人。藍鯨每天吃進肚子裡的食物居然有大約6800公斤那麼多！等於是一頭非洲象的重量了。

不過，也只有夏季在冰冷海域棲息的時候，藍鯨才能夠這樣吃得痛快。秋天開始有將近三個月的時間，藍鯨為了照顧藍鯨寶寶，會遷移到暖和的海域，只是……暖和的海域沒有食物。所以，藍鯨會不吃東西，刻苦地照顧藍鯨寶寶。

# 兩三下就被人類抓住，得名「阿呆」。

含淚指數

## 阿呆鳥*

- 名稱：阿呆鳥
- 分類：鳥類鸌形目
- 分布：北太平洋
- 體型：全長84～94公分

*阿呆鳥是在日本的稱法，台灣稱之爲短尾信天翁。

阿呆鳥擁有一雙大翅膀，展翅的時候超過2公尺那麼長。阿呆鳥會活用牠的大翅膀，乘著逆風往上揚，也會順著風滑翔，而且一次就滑翔好幾千公里，完全不需要停下來休息。可說是飛行能力相當卓越的鳥。

不過，阿呆鳥雖然有很強的飛行能力，但因為翅膀比身體大上許多，所以在地面上走路時，會走得東倒西歪。而且阿呆鳥沒什麼戒心，很容易就會被人類抓住。因為這樣，才被取了「阿呆」這個可悲的名字。

含淚指數

# 信鴿

名稱：野鴿
分類：鳥類鴿形目
分布：北非～日本
體型：全長31～34公分

## 比賽時幾乎都鬧失蹤，最後下落不明。

地球具有一種磁力，聽說信鴿在距離家1000公里遠的地方也感應得到家的地磁場，讓自己可以回到巢穴。

不過，在1988年，悲劇發生了。當時在歐洲舉辦了信鴿比賽，共有5000隻信鴿參加比賽，卻只有250隻信鴿順利抵達終點。其餘的信鴿全都下落不明。後來，大家猜測可能是當天太陽發出強大的電力，使得地磁產生變化，信鴿們無法準確感應到地磁，才會找不到回家的路。

含淚指數

# 北美負鼠

名稱：北美負鼠
分類：哺乳類負鼠目
分布：北美洲～中美洲
體型：身長39～48公分

## 乳頭不夠用！

北美負鼠是住在北美洲、中美洲的有袋類動物，牠們有兩個出名的特色。

第一個特色是遇到快被狐狸等敵人攻擊的危機時，北美負鼠會裝死。另一個特色就是北美負鼠很會生小寶寶。你們相信嗎？北美負鼠媽媽懷孕後，只需要短短12天就能夠生下20隻左右的小寶寶！聽說到目前為止的最高紀錄，曾經一次就生下56隻，實在是太驚人了！

可是，北美負鼠媽媽只有13個乳頭。意思就是說，只有13隻小寶寶喝得到奶，其他小寶寶想活命也活不了。

唉～生太多了！
人家也要喝
ㄋㄟㄋㄟ……

# 雄魚會寄生在雌魚的身上，最後變成肉瘤。

含淚指數

## 深海鮟鱇魚

名稱：密棘角鮟鱇
分類：輻鰭魚綱鮟鱇目
分布：450～710公尺水深處
體型：全長40公分（雌魚）

深海鮟鱇魚的頭上有一支會發出藍光的「釣竿」，可以吸引獵物靠近。不過，只有雌魚才能夠靠釣竿吸引食物。雄魚沒有釣竿，體型也非常嬌小，所以無法自己捕捉獵物。

於是呢，雄魚們會咬住雌魚，就這麼寄生在雌魚身上成為雌魚的養分，最後變成肉瘤。也就是說，雄魚和雌魚會化為一體，當一輩子永不分離的夫妻。

含淚指數

# 東京尖鼠

名稱：東京尖鼠
分類：哺乳類鼩形目
分布：日本北海道
體型：身長3.9～4.5公分

## 我叫東京尖鼠，但其實不住在東京。

在陸上生活的哺乳類當中，東京尖鼠是體型最小的動物。雖然東京尖鼠的名字裡有「東京」兩字，但其實只有在北海道，才有機會看到東京尖鼠。東京尖鼠之所以會被取了這麼不搭的名字，其實是因為一個失誤。發現東京尖鼠的英國動物學家霍克，原本應該要寫「蝦夷」（＝Yezo：北海道的舊名）才對，卻寫錯成「江戶」（＝Yedo：東京的舊名）。

對了，雖然東京尖鼠長得很像老鼠，但不屬於鼠科，而是隸屬鼩鼱科。

# 夫妻倆一輩子都關在一起。

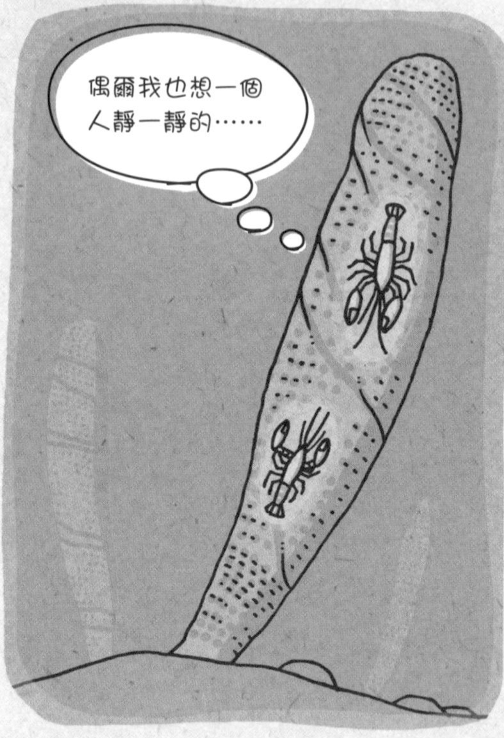


含淚指數

## 儷蝦

◆名稱：儷蝦
◆分類：甲殼類十足目
◆分布：日本相模灣以南、菲律賓
◆體型：身長1.5公分

在深達100公尺以上的海裡，有一種名叫儷蝦的小蝦子。在還是小寶寶的時候，兩隻儷蝦就會進入名叫「偕老同穴」的生物體內。「偕老同穴」的外表像一根網狀的細長管子。儷蝦在裡頭靠著「偕老同穴」吃剩的食物長大，公儷蝦和母儷蝦也會結為夫妻。

儷蝦的體型變大後，就會鑽不出「偕老同穴」的網洞，一輩子都會被關在裡頭。雖然在裡頭有食物可以吃，也很安全，但永遠出不來也不知道應該說是幸福，還是可悲？

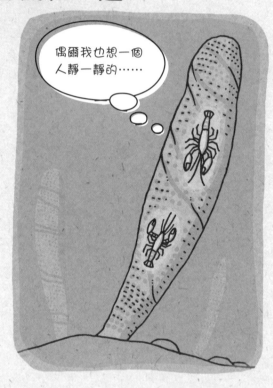

# 我都快搞不清楚自己的名字了！

★☆

含淚指數

## 無棘刺鐵甲蟲

- 名稱：無棘刺鐵甲蟲
- 分類：昆蟲類鞘翅目
- 分布：日本九州、南西諸島等地區
- 體型：身長4～5公厘

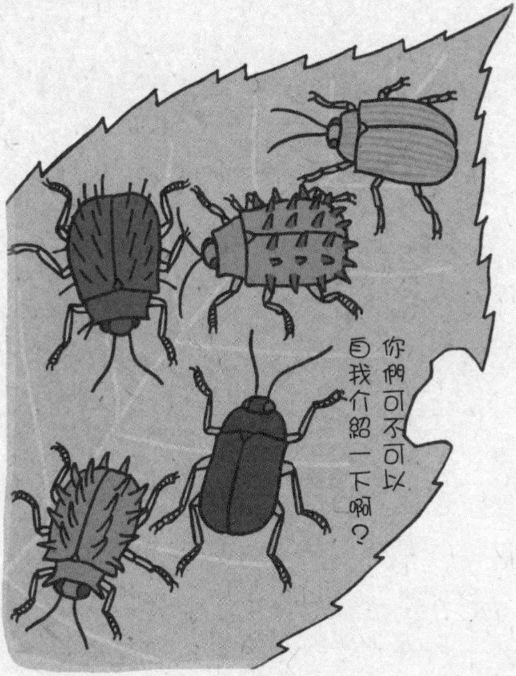


有一種和艷金龜屬於同類的昆蟲叫作「金花蟲」。金花蟲的種類很多，身上長了棘刺的種類叫作「棘刺鐵甲蟲」。

不過，後來在棘刺鐵甲蟲的同類當中，發現身上沒有長棘刺的種類。於是，就取了「無棘刺鐵甲蟲」這個奇怪的名字。事情還沒有結束，後來又在發現無棘刺鐵甲蟲的同類當中，發現長了棘刺的種類，聽說命名為「有棘刺無棘刺鐵甲蟲」。詳情如何無從得知。

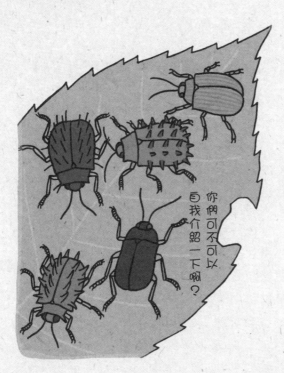

含淚指數

# 白掌長臂猿

◆名稱：白掌長臂猿
◆分類：哺乳類靈長目
◆分布：東南亞（泰國、緬甸等地區）
◆體型：身長44～64公分

## 老實說，我經常骨折……

長臂猿的手臂有身軀的兩倍以上那麼長，所以猿如其名，牠是一種擁有長手臂的猴子。

長臂猿習慣在樹上生活，移動時會利用牠的長手臂吊在樹枝上，再以驚人的速度擺盪「臂躍行為」，從這一根樹枝到下一根樹枝。在長臂猿當中，白掌長臂猿可說是擺盪的名家。

不過，經過調查後，發現有28%的母白掌長臂猿、37%的公白掌長臂猿因擺盪失敗而骨折，後來自己慢慢痊癒。這是因為在熱帶雨林裡，經常會有枯掉的樹枝，白掌長臂猿一抓到枯枝，樹枝就會斷成兩半。

人有失足，
猿有失手。

# 經常一口吞下整隻獵物後才後悔。

含淚指數

## 蟒蛇

名稱：印度蟒
分類：爬蟲類有鱗目
分布：巴基斯坦、印度等地區
體型：全長300～500公分

蟒蛇的體型龐大，力氣也很強大，是危險動物。即使面對體型比自己更大的動物，蟒蛇也能夠張大嘴，把整隻獵物吞下肚。

不過，也有蟒蛇因為吞下整隻獵物而害死了自己。舉例來說，曾經有蟒蛇吞下整隻豪豬，結果被豪豬的尖刺給刺死。還有，也發生過在動物園裡餵山羊給蟒蛇吃，結果害得蟒蛇的肚子被山羊的羊角刺破而死去。尖刺和羊角卡在肚子裡，蟒蛇就是想吐也吐不出來。蟒蛇明明是為了活命才吞下食物，最後卻送了命。

# 其實是個膽小鬼，很怕一個人獨處。

含淚指數

## 食人魚

◆名稱：食人魚（紅腹食人魚）
◆分類：輻鰭魚綱脂鯉目
◆分布：南美洲北部
◆體型：全長25公分

說到食人魚，就會想到牠們擁有滿嘴的利牙，只要一聞到血腥味，就會興奮不已。食人魚總是給人如此兇殘的印象：好幾十條魚聚在一起，群體攻擊進入河裡的動物，然後一眨眼就把對方的肉吃個精光。

不過，大家以為食人魚很可怕，卻是誤會一場。食人魚其實很膽小，牠們不敢獨自行動。不僅如此，一聞到血腥味，食人魚就會驚慌失措，無法冷靜下來。可是，只要群聚起來，依然是危險的魚種。

含淚指數

# 海狗

◆名稱：北海狗
◆分類：哺乳類食肉目
◆分布：白令海～鄂霍次克海的島嶼
◆體型：全長213公分（公海狗）、142公分（母海狗）

## 因為太擔心老婆外遇，都不能好好睡覺。

海狗的進化讓牠擁有鰭狀的四肢、流線型的身軀，最適合在水中活動。公海狗在靠近海的地方，擁有將近60隻後宮佳麗。

不過，這是強悍的公海狗才能享有的事情。爭奪母海狗失敗的公海狗，就不能建立後宮。而且，強悍的公海狗會占據靠近海的地方，所以落敗的公海狗只能遷移到比較不方便的內陸地區。而且還不能和母

海狗一起生活，只能和同樣無法建立後宮的其他公海狗一起生活。

至於贏得勝利，成功建立後宮的公海狗，牠們的生活其實也相當悲哀。公海狗必須隨時監視母海狗，以免母海狗趁他睡著時和其他公海狗交配。所以，贏得後宮的公海狗過得非常忙碌，幾乎沒有時間睡覺和吃飯。而且跟闖進後宮的公海狗打鬥時，有時還會不小心踩扁自己的小孩。

含淚指數

# 蓑羽鶴

◆名稱：蓑羽鶴
◆分類：鳥類鶴形目
◆分布：亞洲、非洲
◆體型：全長90公分

## 賭上性命飛越喜馬拉雅山。

鳥類當中，有些鳥類會隨著季節變化遷移。這情形稱為「遷徙」，蓑羽鶴的遷徙則相當艱苦。

夏天的時候，蓑羽鶴會在蒙古高原生活，但在冬天來臨之前，蓑羽鶴就會前往印度等氣候暖和的地區。此時，蓑羽鶴必須飛越海拔高達８０００公尺的喜馬拉雅山。那裡的氣溫是零下30℃，氧氣濃度只有地面上的三分之一，想要飛越如此嚴酷的環境，可說是相當危險。不僅如此，蓑羽鶴也會因為餓肚子或遭到金雕獵捕，而失去無數條性命。

# 容易被誤解的無奈人生。

含淚指數

## 斑鬣狗

名稱：斑鬣狗
分類：哺乳類食肉目
分布：非洲
體型：身長95～166公分

說到鬣狗，給人一種狡猾的印象，覺得牠們專門撿便宜吃獅子或獵豹捕捉到的獵物殘骸。不過，斑鬣狗的體型龐大，力氣也很強大，牠們會自己狩獵。不僅如此，斑鬣狗群還是會大家互相合作的狩獵高手，就連捕捉身材高大的斑馬也難不倒牠們。

不過，斑鬣狗自己捕捉到的獵物會被獅子搶走，於是斑鬣狗試圖再搶回來而扭打在一起。所以觀光客才誤會是斑鬣狗在搶食物，害得斑鬣狗有了狡猾之名。

# 就算不願意也要一直游來游去，否則死路一條。

含淚指數

## 大白鯊

◆名稱：大白鯊
◆分類：軟骨魚綱鼠鯊目
◆分布：全世界的溫暖海域
◆體型：全長4～6公尺

魚類是靠著擺動魚鰓，讓水中的氧氣進到體內來呼吸。

不過，在海中到處游來游去的鯊魚類當中，有些鯊魚不會自己擺動魚鰓，大白鯊就是其中之一。這類鯊魚必須一直游來游去讓海水送進魚鰓，才能夠呼吸。萬一停止游動，有可能會窒息而死。

對了，有些在海底棲息的鯊魚類，像是灰三齒鯊等等，牠們的眼睛後方有一個呼吸孔，所以不需要一直游來游去也沒關係。

# 雄蓑蛾沒有嘴巴，雌蓑蛾一輩子都離不開蓑巢。

含淚指數

## 蓑蛾

名稱：蓑蛾
分類：昆蟲類鱗翅目
分布：亞洲、澳洲等地區
體型：32～40．5公厘（雄蓑蛾）、25～35公厘（雌蓑蛾）

蓑蛾的幼蟲會利用枯葉築成「蓑巢」來包住自己，再從樹枝上吐絲，讓自己掛在樹上。

雄蓑蛾的幼蟲長大後，會從蟲蛹變化為長出翅膀的成蟲，但嘴巴就不見了。所以，雄蓑蛾什麼也吃不了。雄蓑蛾飛出蟲蛹只是為了和雌蓑蛾交配，然後死去。有時候甚至也沒有交配，就結束一生。

雌蓑蛾的幼蟲也會從蟲蛹變化為成蟲，但因為沒有翅膀也沒有腳，所以離不開蟲蛹。雌蓑蛾和雄蓑蛾交配產下蟲卵後，就會死去。

含淚指數

# 鴛鴦

名稱：鴛鴦
分類：鳥類雁形目
分布：東亞。
體型：全長41~51公分

## 一出生就必須從十公尺高的地方往下跳。

鴛鴦是棲息在水邊的水鳥。不過，為了產卵，鴛鴦會在森林找到高度超過十公尺以上的樹洞，在洞裡築巢。

雌鴛鴦會在鳥巢產下十顆左右的卵，產下的卵大約一個月的時間就會孵化成小鳥。

鴛鴦寶寶孵化出來後，隔天就必須接受考驗，逃也逃不了。鴛鴦寶寶必須離開鳥巢，從洞口奮力往下跳。當然了，鴛鴦寶寶連翅膀都還沒有長好，所以不可能飛得起來。鴛鴦寶寶必須體驗從樹上墜落的恐懼感。因為鴛鴦寶寶很輕，所以就算掉到地上，也大多會平安無事。不過，也有運氣比較差的鴛鴦寶寶因此摔死。

我的媽呀！

# 短短三個小時沒有吃東西就會餓死。

含淚指數

## 鼴鼠

- 名稱：日本缺齒鼴
- 分類：哺乳類鼩形目
- 分布：日本本州中部以西等地區
- 體型：身長12．8～17．7公分

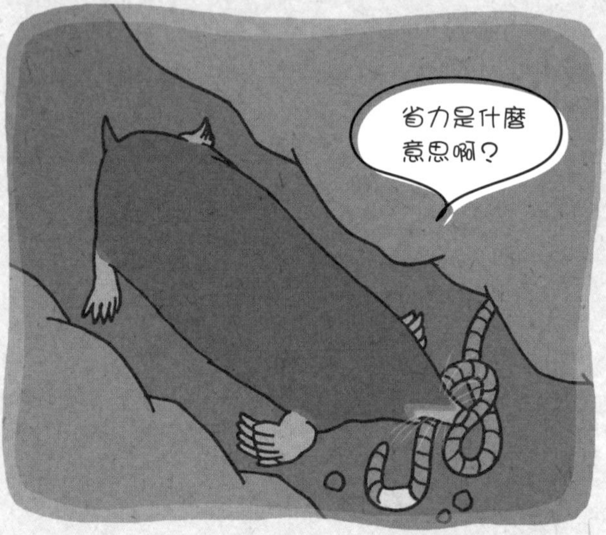


鼴鼠會在土裡挖出的通道生活。鼴鼠的身體構造很適合在土裡生活，牠的前腳形狀像鏟子，方便牠挖土，眼睛也被一層薄膜覆蓋住，所以土壤不會跑進眼睛裡。

不過，挖土是非常費力的一項工作，必須耗費許多能量。所以，鼴鼠每天一定要吃到份量跟自己的體重一樣重的蚯蚓或昆蟲幼蟲。

只要短短三到四個小時吃不到東西，鼴鼠就會缺乏能量，最後餓死。

含淚指數

# 箭毒蛙

名稱：草莓箭毒蛙
分類：兩棲綱無尾目
分布：尼加拉瓜北部～巴拿馬
體型：身長1.8～2.4公分

## 遇到天敵的時候，再毒也沒用。

箭毒蛙擁有鮮豔美麗的色彩，擁有「熱帶雨林寶石」的美名，牠的皮膚具有猛烈的毒性。毒性有多麼猛烈呢？在箭毒蛙當中，甚至有些種類只需要1公克的毒液，就能夠毒死十萬人。所以，箭毒蛙幾乎不會遭到其他動物的攻擊。

那麼，箭毒蛙真的就天下無敵嗎？那可不一定。在箭毒蛙棲息的地區，有不怕箭毒蛙毒性的蛇類，那就是火腹蛇。箭毒蛙會被火腹蛇吃掉。

含淚指數

# 裸鼴鼠

◆名稱：裸鼴鼠
◆分類：哺乳類齧齒目
◆分布：非洲東部
◆體型：身長8.0～9.2公分

## 偷懶不工作就會被老大戳屁股。

裸鼴鼠全身光禿禿的沒什麼毛，還有長長的暴牙，這樣的外表讓牠得到了一個害羞的名字。就像螞蟻和蜜蜂一樣，裸鼴鼠以一隻王后為中心，聚集成數量約有80~250隻左右的裸鼴鼠群，並且在地下挖通道生活。裸鼴鼠群會有一隻鼠后和幾隻雄鼠（或稱作「鼠王」），還有當敵人來襲時會保護同伴的鼠兵隊，以及負責照顧鼠寶寶等工作的工鼠。

工鼠每天都有做不完的工作，如果想稍微偷懶一下而被鼠后發現，就會被戳屁股，不得不繼續努力工作。

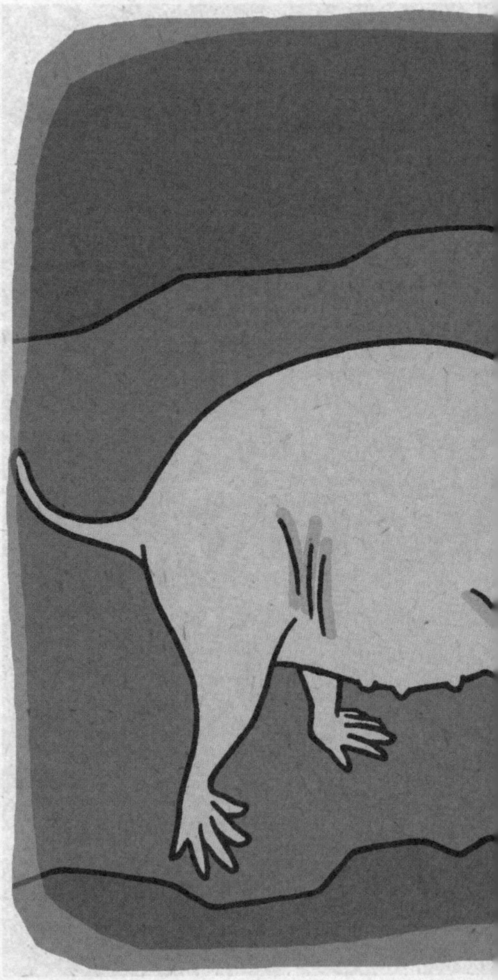

令人心疼的真實故事

# 1 太空狗英雄萊卡

## 第一隻到宇宙旅行的小狗

1957年10月4日發生了名為「史普尼克危機」的事件。

是蘇聯（現在的俄羅斯和烏克蘭等國家在當時組成的聯盟）發表已經成功發射全世界第一顆人造衛星「史普尼克1號」的消息。

到了11月3日，史普尼克1號帶來的震撼還未平息，蘇聯又發射了史普尼克2號。史普尼克2號還載著一隻狗，這個舉動讓全世界大吃一驚。

這隻狗的名字叫作萊卡，牠是地球歷史上，第一隻在地球軌道上繞行的動物。

萊卡是一隻什麼樣的狗呢？發射史普尼克2號的當時，資訊相當混亂，還有報導指出坐在史普尼克2號上面的是一隻叫作庫多列芙卡的狐狸犬。

根據後來的紀錄，其實是一隻名字叫作萊卡、體重大約五公斤的母狗。

當初為了讓史普尼克2號載小狗到外太空，挑選出了十隻以上的小狗。十幾隻小狗當中，最後有三隻成為候選小狗。

在經過各種各樣的測試之後，個性溫和也是評估因素，所以最後選中了萊卡。

於是，萊卡在準備發射的前三

天被固定住，也穿戴上電子儀器等配備，在日本時間的11月3日，從位在中亞的基地發射出去。

萊卡根本搞不清楚自己遇到什麼狀況，恐懼不已。牠的血壓和脈搏跳動次數上升到平常的三倍，但在衛星進入一圈約100分鐘的繞行軌道後，恢復了鎮靜。

1961年，尤里．加加林成為第一位成功繞行地球一圈的太空人，他曾經說過：「地球好藍啊！」不知道萊卡是否也看見了地球？

## 與世隔絕的萊卡

一開始感到無比驚訝的人們，關注焦點轉移到「不知道萊卡會怎樣？」一切都是頭一遭的經驗，不知道萊卡能不能順利回來地球呢？蘇聯政府打算用什麼方法讓萊卡回來？還是沒打算讓萊卡回來……

發射後過了十天，蘇聯公開發表史普尼克號訊號中斷的消息。有人說萊卡是吃下加入藥物的狗食被安樂死，也有人說萊卡是因為缺氧而死。

我們不知道萊卡到底怎麼死的，只知道萊卡再也沒有踏上地球的土地。期盼著萊卡平安歸來的人

們，也沒能夠實現願望。

史普尼克2號並沒有安裝飛回地球的設備，所以打從一開始，就沒有計畫要讓萊卡回來地球。人們也只能想著萊卡沒有在受苦之下死去，讓內心得到小小的慰藉。

## 痛苦又孤獨的最後時光

可是，蘇聯瓦解後的1991年，公開了當時的情況：史普尼克2號在發射時因為隔熱材料脫落，使得內部溫度超過40℃，所以萊卡在發射後不到兩天就已經死亡了，這讓人們悲痛不已。

後來，到了2002年，又有說法表示萊卡因為受不了高溫和壓力，在發射後5~7個小時後就已經死去。史普尼克2號繞著地球到第四圈時，早就已經無法確認生命跡象。

我們可以輕易想像萊卡在炙熱的溫度下，痛苦死去的模樣。不過，萊卡在宇宙探險上付出了偉大的貢獻，所以牠的名字被深深烙印在歷史上。就這樣，萊卡成為絕不會被大家遺忘的英雄。

令人心疼的真實故事

# 2 沉入海底的松鼠猴戈多

## 失靈的降落傘

1958年12月13日，也就是蘇聯發射史普尼克2號把萊卡送上外太空的隔一年……

位在美國卡納維爾角（現稱為甘迺迪角）的基地發射了火箭，把松鼠猴戈多送上了外太空。

松鼠猴屬於捲尾猴的同類，身長30公分、體重大約1公斤的小型猴子。當時的火箭技術還不是那麼先進，所以就選上了體型嬌小輕盈，身體構造也與人類相近的松鼠猴戈多。

戈多穿上太空衣，安裝在太空衣上面的儀器可以把牠的體溫和脈搏等身體狀況回傳到地球上。在大約15分鐘的飛行過程中，戈多體驗了8分30秒左右的無重力狀態。牠的身體狀況也沒有出現太大的變化。沒多久，載著戈多的火箭就準備飛回地球。

「耶！成功了！」

在人人都歡欣鼓舞的時候，悲劇發生了。太空艙上的降落傘並沒有打開。

戈多撐過了火箭衝入大氣層時的重力，也確定牠在那個當下是活著的。只是，大家想救牠也無計可施。太空艙就這麼載著戈多，沉入了南大西洋的深海海底。

人們拚死拚活地展開搜尋，但

一直到現在，還是沒找到太空艙和戈多的屍體。

雖然戈多的宇宙飛行之旅是以如此悲傷的結果收場，但因為知道在飛行過程中，戈多的健康狀態完全沒有問題，所以大家認為計畫是成功的。

戈多的付出證明了人類前往宇宙空間探險也沒問題。如果要說多虧了戈多，宇宙探險才能夠往前邁進一大步，那真是一點也不為過。

令人心疼的真實故事

# 3 奇皮夫人

## 不能搭救生艇的貓咪

造船木工哈利．麥克尼什飼養了一隻虎斑貓叫作奇皮，奇皮搭上的堅忍號，是由英國探險家恩斯特．薛克頓擔任隊長所帶領的，在1914年8月1日從倫敦港出發，前往南極。

從以前，人們航行時就經常把貓咪也帶上船。那是因為貓咪會幫忙抓老鼠，以免老鼠偷吃船上的珍貴糧食，或是亂咬桅杆。

奇皮的個性愛黏人，船員們都十分寵愛牠。因為個性溫順，所以不知不覺中，大家都開始叫牠「奇皮夫人」。

起航後大約過了一個月，大家才發現奇皮其實是一隻公貓，但還是繼續稱呼牠為奇皮夫人。

堅忍號順利地朝向南極前進，但在1915年時，被困在浮冰之中，動彈不得。

堅忍號隨著浮冰在海上流動時，可怕的事情發生了。四周的浮冰壓力使得船身受損，海水開始灌進堅忍號。

大家盡了一切努力進行搶救，但還是沒能夠讓堅忍號恢復正常運作，糧食也快見底了。

最後，薛克頓不得已做出棄船的決定。可是，緊急用的救生艇很小，只載得下最低限度的東西。薛克頓以人命為第一優先，做出了一個結論。

原本飼養奇皮的主人麥克尼什強烈反對。

無奈在10月29日，什麼都不知道的奇皮夫人津津有味地吃完牠最愛吃的秋刀魚之後，被射殺了。

現在，只要去到位於紐西蘭的麥克尼什墳墓前，就可以看到一尊奇皮夫人的銅像。

令人心疼的真實故事

# 4 南極的太郎和次郎

## 出發前往南極的觀測隊和小狗

1956年，日本決定派人前往南極進行觀測。

南極是一個環境非常嚴酷的地方。嚴冬時，南極每天的平均氣溫約為零下30℃，有時最低氣溫還可能達到零下40℃。

南極的環境如此嚴酷，需要許多幫助，大家決定帶著薩哈林哈士奇一起去。

薩哈林哈士奇狗耐寒，也很有力氣。對於主人說的話，牠們也都會乖乖聽從，所以是非常適合當雪撬犬。

於是，日本找遍整個北海道，找來了49隻適合當雪撬犬的薩哈林哈士奇狗，並開始進行拉雪撬的訓練。最後，包含太郎和次郎在內，總共挑選出22隻薩哈林哈士奇狗。

就這樣，在1956年11月，第一次南極觀測隊的53名隊員、77名船員、22隻薩哈林哈士奇狗、1隻貓以及2隻金絲雀搭上南極觀測船「宗谷號」，出發前往南極。

## 留在南極的狗兒

1957年1月，宗谷號抵達了南極。所有薩哈林哈士奇狗當中，有3隻狗的身體狀況不佳，所以直接跟著宗谷號回日本，最後留

在南極的狗有19隻。

所有狗完成在南極的訓練後，便跟著隊員們一起調查基地四周的冰雪和地質。

南極的風很大，一旦吹起暴風雪，就連近在1公尺的前方也看不見。不過，即使在如此嚴酷的環境之中，狗狗們還是能夠搬運觀測儀器或幫其他的忙，表現得可圈可點。

就這樣，一年過去了。為了交接新的越冬隊員，宗谷號在1957年12月再次來到南極。

不過，這一年的浮冰狀況惡劣，使得宗谷號無法停靠基地。

被困在浮冰之中的宗谷號好不

容易脫困後，在美國的破冰船協助下，在1958年2月8日再次勇闖冰海。

首先，宗谷號派出小型飛機把第一次越冬隊員、貓咪、金絲雀以及在南極出生的小狗寶寶和小狗媽媽，載回宗谷號上。在那同時，小型飛機也載了第二次越冬隊當中的三名隊員和物資到基地去。

可是，氣候變得越來越遭，連想要派出飛機也不行。再這樣下去，宗谷號就會被浮冰困住。

最後，終於就連在基地的三名隊員也被命令回到宗谷號上。

「狗怎麼辦？」

宗谷號的答覆是：

「等氣候穩定下來後，我們打算再次破冰前往基地。所以，就暫時繼續用鏈條綁住狗，你們先回到船上來。」

就這樣，隊員留下兩個月份的糧食給15隻薩哈林哈士奇狗，並且用鏈條綁住牠們。那一天是2月14日。

在那三天後，宗谷號好不容易脫逃到了外海，等待著氣候恢復穩定。因為宗谷號要再次破冰前往基地會有困難，所以決定利用飛機來運送人員和物資。只不過，氣候一直沒有恢復穩定，飛機無法起飛。到了24日，宗谷號終究還是下達了命令，決定中止進行第二次越冬觀測行動。15隻被鏈條綁住的薩哈林哈士奇狗，就這麼被遺留在酷寒的南極大陸。

大家都認定留在南極的15隻小狗不可能活命。為了表示悼念，7月時在大阪立了薩哈林哈士奇狗的銅像。

## 與太郎和次郎的奇蹟重逢

隔了一年後的1959年1月14日，越冬隊再次踏上南極大陸的土地。

北村隊員是擔任第三次越冬隊的直升機機員，他踏上南極大陸的土地後，發現昭和基地附近似乎有身影動來動去。

出乎預料地，那身影竟然是被留在南極的太郎和次郎。

「原來你們兩個還活著啊！」

北村隊員緊緊抱住太郎和次郎，為重逢感到無比喜悅。太郎和次郎存活下來的「奇蹟」傳遍世界各地，感動了無數人。太郎和次郎似乎是靠著吃海豹的糞便和企鵝，才存活下來。

至於與太郎和次郎一起留在南極的其他狗，有的被項圈綁住就這麼死掉，有的掙脫項圈不知道跑到哪裡去，但沒有發現其他確定存活的狗。

在那之後，太郎和次郎繼續在南極有活躍的表現，但在第四次越冬中的1960年7月9日，次郎因為生病，在基地死去。

1961年5月4日，太郎在隔了四年半之後，隨著第四次越冬隊回到日本。在那之後，由北海道大學植物園飼養太郎，太郎一直活到了14歲。

現在為了保護南極的生態，已經禁止小狗在南極生活。所以，以後應該不會再發生這樣的悲劇了。

Chapter 2

# 第 2 章

## 【 令人心疼的體態 】

在這個章節裡，將告訴大家有哪些動物的身體隨著進化，而變得古怪。

# 動物的古怪長相和軀體

在弱肉強食的世界裡，如何最高效率吃到食物是一大問題。只要效率比別人好一些，就能夠在生存競爭中贏得勝利，順利存活下來。

為了有好的效率，動物的身體會因為棲息地的不同，而逐漸改變。好比說，為了更容易接近食物，跑步速度會變快，或者脖子變長。

還有，動物的長相也會因為食物而改變。嘴形是形成長相的一大要素。嘴巴負責很重要的任務，它可以有效率地把食物吃進肚子裡加以消化，讓身

體得到能量。藍鯨一次會吃下大量的食物，牠的嘴巴足足有全身長度的四分之一長。蜉蝣的壽命非常短，好像覺得吃東西都很浪費時間一樣，連嘴巴都沒有。

動物就是像這樣為了有效率地獲得食物，好讓自己存活下去，才會長相變得奇妙，或是身體比例變得不協調。也就是說，動物的身體因為進化而變得古怪。

不過，我們不能取笑牠們。我們之所以會覺得動物的長相奇妙或身體比例不協調，純粹是因為以人類的眼光來看待牠們。對動物來說，正因為擁有古怪的長相和身體，才能夠存活下來。

含淚指數

# 犀牛

◆名稱：黑犀牛
◆分類：哺乳類奇蹄目
◆分布：非洲（撒哈拉沙漠以南）
◆體型：身長295～375公分

## 都是頭頂上的角害我們瀕臨滅絕。

犀牛的頭部有1～2支角。犀牛角不是骨頭，而是就像人類的毛髮或指甲一樣，由角蛋白質聚集而成，所以會一輩子持續生長。

打從古時候，犀牛角就被認為具有解熱或鎮靜心情的藥用原料（其實並沒有這樣的效用）。

因此，犀牛角成為盜獵者的目標而被大量捕殺，害得犀牛的生存數量越來越少。現

在，北白犀牛已經瀕臨滅絕，爪哇犀牛甚至被形容為「夢幻犀牛」。

犀牛令人心疼的故事還不只這些。犀牛的同類當中，有白犀牛以及黑犀牛。白犀牛因為有著寬寬的嘴巴，所以非洲人以英文的「Wid（寬大）」來稱呼白犀牛，結果學者誤聽成是「White（白色）」，於是取了白犀牛這樣的名字。至於黑犀牛的名字，聽說是學者心想既然一方取名為白犀牛，另一方乾脆就取名為黑犀牛好了。

含淚指數

# 鴨子

◆名稱：綠頭鴨
◆分類：鳥類雁形目
◆分布：北半球
◆體型：全長50～65公分

## 換毛的時候飛不上天。

到了秋季，鴨子的同類綠頭鴨就會從西伯利亞等北方地區飛來日本，一直停留到春天到來。剛到日本的時候，公鴨的羽毛顏色顯得黯淡無趣，但過了一段時間後，就會換毛，長出色澤美麗的羽毛。

公鴨會靠著色澤美麗的羽毛來吸引母鴨，尋找一同生鴨寶寶的對象。

不過，鴨子在換毛的時候，羽毛會脫落，所以暫時無法飛翔。在重新長出羽毛之前，鴨子們會在水邊游水生活。

# 想死也死不了！

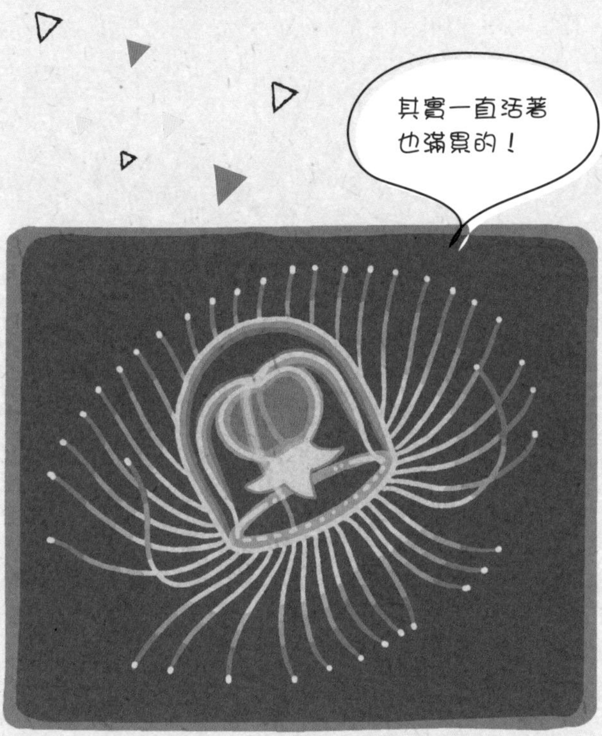


含淚指數

## 燈塔水母

◆名稱：燈塔水母
◆分類：水螅類花水母目
◆分布：全世界的溫帶～熱帶海域
◆體型：直徑4～10公厘

大家都以為不論是哪一種動物，只要年紀大了，理所當然就會死去。不過，燈塔水母就不一樣了。

一般的水母從卵孵化後，沒多久就會附著在海底的岩石上，變成群生的「水螅體」。接著，水螅體會開始分裂，長大成水母。不過，燈塔水母年紀大時，會再次變回水螅體。意思就是，燈塔水母會返老還童！所以，燈塔水母可以長生不老，是一種不會死亡的生物。不過，如果不幸被其他生物吃掉，當然還是會死掉。

含淚指數

# 海豹

◆名稱：斑海豹
◆分類：哺乳類食肉目
◆分布：白令海等海域
◆體型：全長150～170公分（公海豹）

## 身上的脂肪太多了，潛水潛得好辛苦。

海豹的同伴們很多都是居住在會結冰的寒冷海域。海豹皮膚下的脂肪層有8公分那麼厚，所以不怕冷。即使要潛入冰冷的海水裡，海豹也不覺得有什麼大不了。

不過另一方面，這個重要的脂肪層卻也讓海豹傷透腦筋。脂肪是油脂，遇到水就會浮起來。也就是說，身上長了大量脂肪的海豹寶寶沒辦法很順利地潛水。

海豹的獵物主要是海底的貝類或螃蟹，所以牠們必須費上好大的工夫，才能夠抓到獵物來填飽肚子。真是辛苦啊～

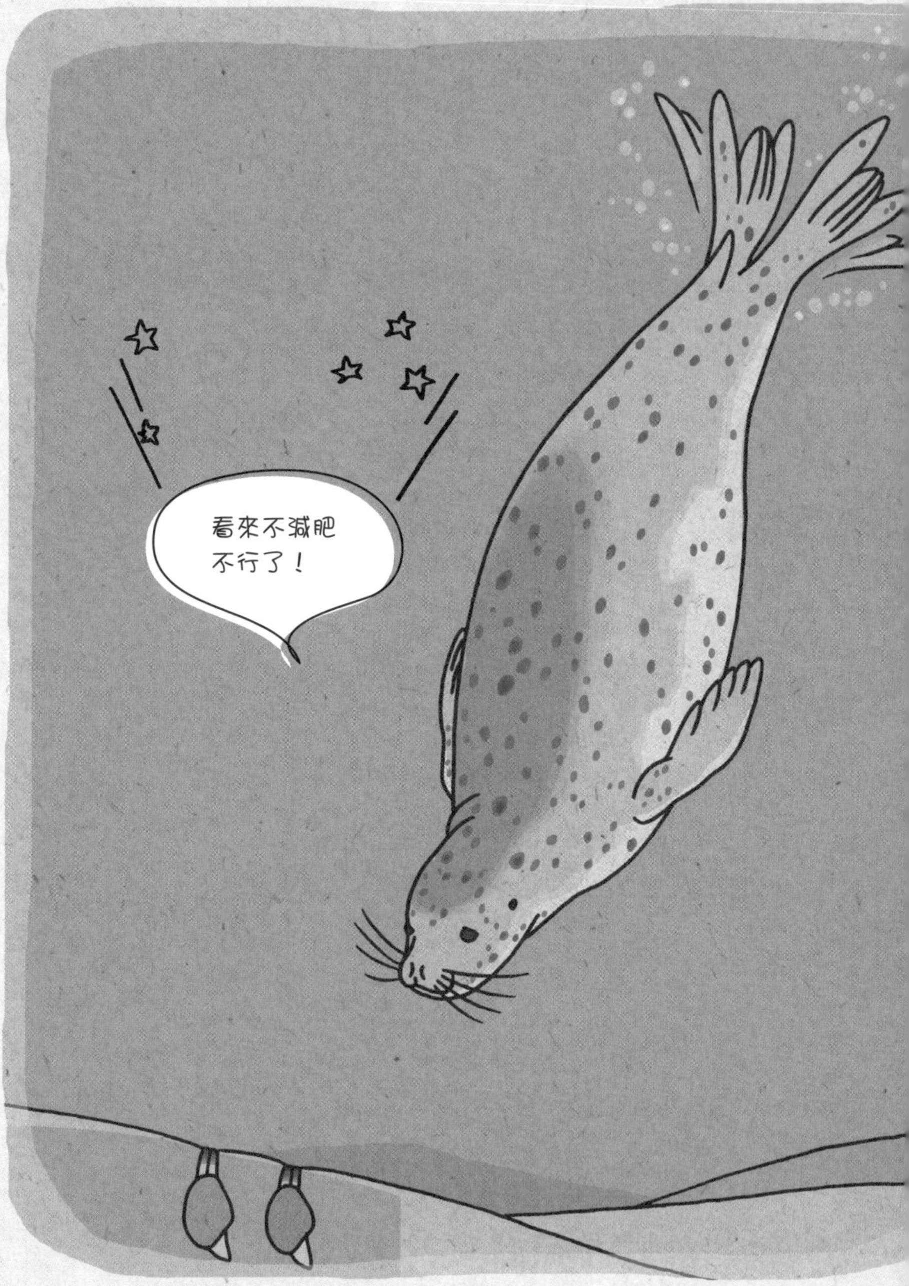
看來不減肥
不行了！

# 每次睡覺只能睡十分鐘，還要跪著睡！

含淚指數

## 長頸鹿

◆名稱：長頸鹿
◆分類：哺乳類偶蹄目
◆分布：撒哈拉沙漠以南的非洲
◆體型：身高250～370公分

說到長頸鹿，牠們因為有長長的脖子和腳，所以一旦坐下來，就很難迅速站起來。在會被獅子等肉食性動物盯上的野外生活，長頸鹿這個樣子會有生命危險。所以，長頸鹿都是站著睡覺，睡覺時間最長也頂多十分鐘。

如果住在不需要擔心敵人攻擊的動物園裡，長頸鹿就會坐下來睡覺。不過，長頸鹿十分膽小。睡覺時，牠們會彎起膝蓋，像跪著一樣，所以能夠迅速站起來。讓人看了好想對牠們說：「其實你們可以睡得輕鬆一點的呀～」

含淚指數

# 臭鼬

◆名稱：東部斑臭鼬
◆分類：哺乳類食肉目
◆分布：北美洲～中美洲
◆體型：身長23～34公分

## 遇到嗅覺不好的敵人就會被吃掉。

遇到敵人的時候，臭鼬會倒立警告對方，如果警告後還是沒用，就會從屁股裡的臭腺體噴出臭味沖天的液體，然後拔腿逃跑。從臭鼬的屁股裡噴出來的液體即使距離好幾公里遠，還是聞得到臭味，而且久久無法散去。多虧了臭味沖天的液體，臭鼬很少遭到敵人攻擊。不過，鴟或老鷹等猛禽的嗅覺不太靈光，所以即使有臭味，也不太會在意。當這些猛禽發現自以為很安全的臭鼬時，就可以輕鬆捕捉到臭鼬，把牠們吃進肚子裡。

含淚指數

# 大貓熊

◆名稱：大貓熊
◆分類：哺乳類食肉目
◆分布：中國
◆體型：身長120～150公分

## 吃竹子吃得好辛苦啊～

竹子是大貓熊的主要食物。不過，大貓熊難得把食物吃進肚子裡，卻幾乎沒有吸收消化竹子，就化為糞便排出來。大貓熊屬於食肉的熊科動物，所以沒辦法消化纖維多又很硬的植物。

雖然貓熊吃下肚的竹枝很尖銳，有可能會刺傷腸子，但幸好有黏膜保護著腸子。還有，除了平常的排便，貓熊還會大約一個月一次把保護腸子

的黏膜化為糞便排出來，然後長出新黏膜。聽說貓熊在排出黏膜的時候，會非常疼痛。

可是，為什麼大貓熊要這樣勉強自己呢？

其實呢，大貓熊是因為強悍的肉食性熊隻霸占了牠們居住的地方，所以漸漸地往深山裡遷移。到了深山裡之後，最多的就是竹子。也就是說，貓熊是因為逼不得已，才會吃起竹子。

# 鼻子長到頭頂上去了！

含淚指數

## 寬吻海豚

◆名稱：寬吻海豚
◆分類：哺乳類鯨目
◆分布：熱帶～溫帶的近岸海域
◆體型：全長3公尺

水族館表演秀常見到的就是寬吻海豚。牠的鼻子竟然是長在頭頂上！鼻孔的位置感覺很奇怪，但其實是因為寬吻海豚的下顎往前拉長，鼻子的位置才會跑到頭頂上去。不過，鼻子長在頭頂上其實挺方便的。只要稍微把頭探出海面，就可以呼吸。

與寬吻海豚同類的鯨魚，也一樣是鼻子長在頭頂上。大家都知道鯨魚會「噴水」，但其實鯨魚是強力噴出空氣來吹走鼻子四周的海水，所以看起來才會像在噴水。

# 右眼會自動偏向左邊。

含淚指數

## 比目魚

◆名稱：比目魚
◆分類：條鰭魚綱鰈形目
◆分布：千島群島～南海
◆體型：身長80公分

比目魚的外表長得十分有趣，身體扁扁的，兩隻眼睛都偏向左邊。

不過，在還是小寶寶的時候，比目魚的眼睛和其他魚類一樣，也是長在身體的左右兩邊。隨著漸漸長大，比目魚的右半身會發育得比較好，眼睛因此也跟著偏向左邊。最後變成左半身朝向上方，貼在海底生活。

對了，鰈魚的外表和比目魚十分相似，「左鮃右蝶。」大部分的鰈魚眼睛都是偏向右邊。＊比目魚又名牙鮃，左鮃右蝶中的「鮃」指的就是比目魚。

含淚指數

# 紅鶴

◆名稱：美洲紅鶴
◆分類：鳥類火烈鳥目
◆分布：加勒比海沿岸、科隆群島
◆體型：全長120公分

## 其實我們都是踮著腳尖單腳站立。

紅鶴只靠著細長的單腳站在水邊。看著紅鶴一直單腳站立，讓人看了都想要替牠喊累，但其實還不只有單腳站立而已。紅鶴竟然還踮著腳尖！

如果仔細觀察紅鶴的腳，會覺得牠的膝蓋彎向相反的方向，但其實那是腳後跟。

還有，紅鶴之所以會一直縮起另一隻腳，是為了另一隻腳站累時，可以換腳站立。紅鶴是利用輪流交換左右腳的方式，讓另一隻腳有機會休息。

對了，紅鶴在睡覺時，也是保持踮著腳尖單腳站立的姿勢喔！

這種姿勢
才最輕鬆～

含淚指數

# 眼鏡王蛇

- ◆名稱：眼鏡王蛇
- ◆分類：爬蟲類有鱗目
- ◆分布：印度～中國南部等地區
- ◆體型：全長300～550公分

## 看不到頭頂上方的狀況。

眼鏡王蛇是毒蛇中最大的蛇，一咬住獵物或敵人，就會大量分泌能夠麻痺神經的毒液，讓獵物或敵人無法呼吸。堪稱是毒蛇界裡的王者。

所以，在野外，眼鏡王蛇幾乎沒有敵人。不過，還是蛇寶寶的時候，身邊其實四處都有敵人。眼鏡王蛇的蛇寶寶看不到頭頂上方的狀況，如果被天上的鵰等大型肉食性鳥類盯上，兩三下就會被抓走。還有，聽說眼鏡王蛇的毒液在孔雀身上發揮不了作用。

# 榮獲「世上最醜的生物」美名。

含淚指數

## 隱棘杜父魚

◆名稱：隱棘杜父魚
◆分類：輻鰭魚綱鮋形目
◆分布：800～2800公尺的水深處
◆體型：身長約60公分

深海魚當中，有很多奇形怪狀的魚，但沒有人贏得過隱棘杜父魚的奇特外表。

隱棘杜父魚有著圓圓的頭和細小的尾巴，像一隻特大號的蝌蚪。

隱棘杜父魚的身體沒什麼肌肉，因為習慣一直待在海底等待獵物。還有，隱棘杜父魚的體內含有大量的水分，身體肥嘟嘟的。因此，隱棘杜父魚被撈上岸時，身體就會垮下來，變得很醜。隱棘杜父魚還在2013年被英國的一個團體選為世上最醜的生物。

含淚指數

# 變色龍

◆名稱：豹變色龍
◆分類：爬蟲類有鱗目
◆分布：馬達加斯加北部等地區
◆體型：全長約37～52公分

## 搶地盤搶輸了，身體顏色就會變得黯淡。

說到變色龍，大家都知道牠們的身體會變色。變色龍會配合四周的明亮度改變顏色，所以能夠騙過敵人，保護自身安全，也能夠不被獵物發現，接近並捕食。

不過，變色龍的顏色其實也會因為心情而改變。變色龍在搶地盤時如果贏了對手，就會像在表達開心的情緒一樣，變成鮮豔亮眼的顏色。相反地，如果輸給了對手，或許是因為心情低落，變色龍就會變得黯淡。還有，變色龍死掉的時候，大多會變成灰色。

含淚指數

# 海鞘

◆名稱：真海鞘
◆分類：海鞘綱側性目
◆分布：日本、朝鮮半島等地區
◆體型：高度約15公分

## 長大後就會動彈不得。

從淺海到深海，到處都可以看見海鞘廣大的棲息地。其實呢，海鞘是我們人類很久遠以前的祖先。我們人類是從像海鞘這樣的生物，慢慢進化成擁有脊椎的生物。

從卵孵化出來的海鞘長得像蝌蚪，有一條會變成脊椎的脊索和尾巴。海鞘因此才能夠到處游動，但在經過大約一天半的時間後，海鞘就會附著在岩石上，開始慢慢改變身體的構造，發育為成體。最後，海鞘的脊索和尾巴都會消失，就這麼一輩子附著在岩石上生活。

含淚指數

# 曼波魚

◆名稱：曼波魚
◆分類：輻鰭魚綱魨形目
◆分布：全世界的溫帶～熱帶海域
◆體型：身長3公尺

## 長大後會變成醜八怪。

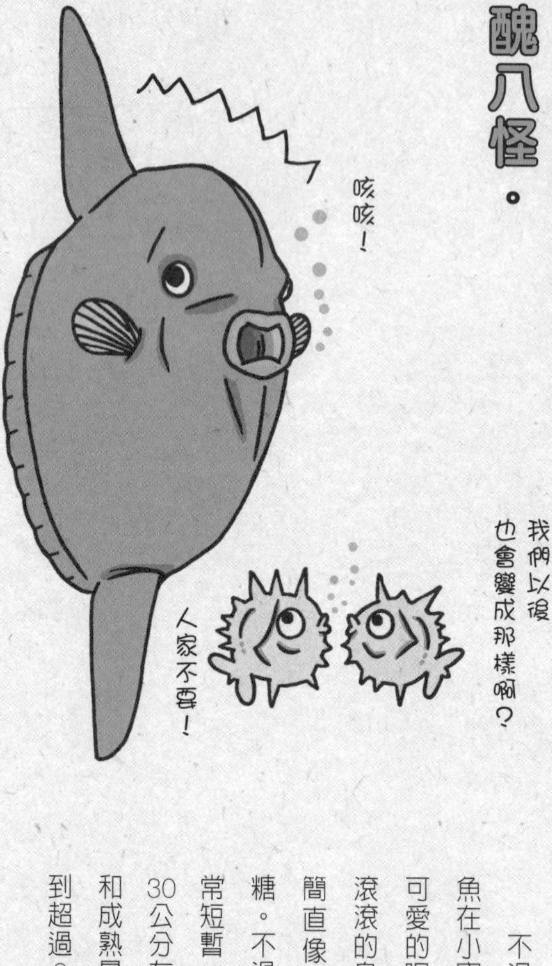


曼波魚會像小鳥擺動翅膀一樣，擺動背鰭和臀鰭來游泳。從正面看過去時，曼波魚的身體扁平，外表長得相當醜。

不過，長得這麼醜的曼波魚在小寶寶的時候，可是非常可愛的呢！曼波魚寶寶有著圓滾滾的身體，身上長滿了刺，簡直像是一顆顆可愛的星星糖。不過，這麼可愛的時期非常短暫，當曼波魚寶寶成長到30公分左右時，外表就會變成和成熟曼波魚一樣，最後成長到超過3公尺以上的大塊頭。

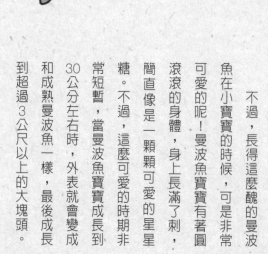

# 沒有人比我更短命。

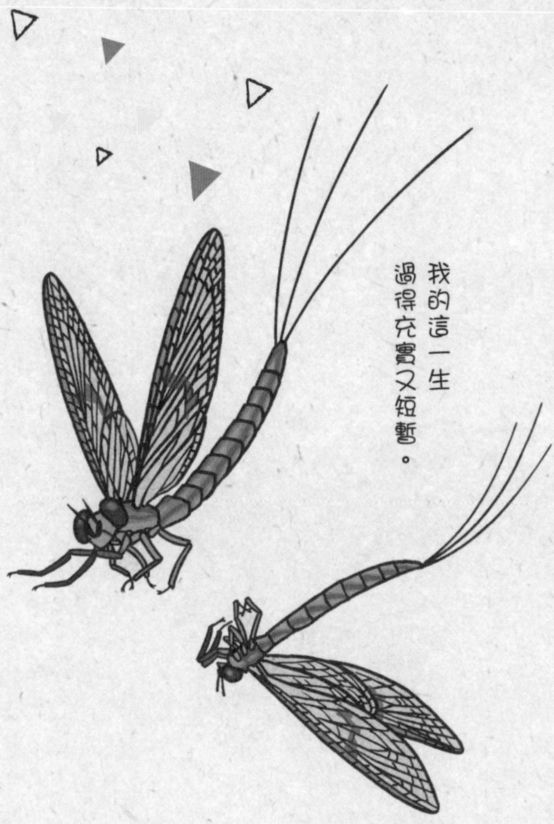


含淚指數

## 蜉蝣

・名稱：蜉蝣
・分類：昆蟲類蜉蝣目、
・分布：日本北海道～九州等地區
・體型：身長18～25公厘

全世界與蜉蝣屬於同類的昆蟲大約有2500種，但不論是哪一種蜉蝣都有一個特色。那就是成為成蟲之後，壽命都非常短暫。

最短幾小時內，最長幾天內就死掉，根本沒有時間喝水或進食，所以沒有嘴巴。

因此，蜉蝣羽化後，會在死亡之前集團交配，留下子孫。

如果以我們人類的角度來看，蜉蝣的一生過得相當倉促。不過，當蜉蝣還是幼蟲時，可以在水中活上將近一年的時間。

# 有可能被自己的獠牙刺破頭顱，然後死翹翹。

含淚指數

## 鹿豚

◆名稱：鹿豚
◆分類：哺乳類偶蹄目
◆分布：印尼（蘇拉威西島）
◆體型：身長87.5～106.5公分

鹿豚屬於山豬的同類，棲息在印尼的潮溼樹林裡。公鹿豚會長出獠牙，隨著成長，獠牙也會越來越長。長在鹿豚上顎的兩支獠牙非常特別，獠牙變長後會刺穿皮膚，長到外頭來。

不僅如此，獠牙還會朝向頭部彎曲。聽說有的鹿豚會因為獠牙持續變長，最後刺破自己的頭顱而死翹翹。

因此，鹿豚被形容是「看著自己死去的動物」。

# 長大後還是保持幼時的模樣。

含淚指數

## 墨西哥鈍口螈

- 名稱：墨西哥鈍口螈
- 分類：兩棲類有尾目
- 分布：墨西哥的索奇米爾科湖等地區
- 體型：全長20～28公分

青蛙等兩棲類動物在小寶寶時，是在水中靠鰓呼吸，用鰓游泳。長大之後，鰓和鰭就會消失不見，變成不同的模樣。

不過，大部分的墨西哥鈍口螈長大之後，還是保有鰓和鰭。也就是說，墨西哥鈍口螈會保持幼時的模樣長大。墨西哥鈍口螈屬中，這樣的生物稱為「蠑螈」。在日本，做為寵物的墨西哥鈍口螈又稱「巫帕魯帕」（Uparupar）。

含淚指數

# 尖牙魚

◆名稱：尖牙魚
◆分類：輻鰭魚綱金眼鯛目
◆分布：水深600～5000公尺處
◆體型：身長約15公分

## 滿嘴尖牙害我沒辦法閉上嘴巴。

尖牙魚是有著凶猛表情的深海魚，牠的一張大嘴巴上下加起來共有14根銳利的尖牙。

這些尖牙是為了牢牢咬住不讓獵物魚兒逃走，然後尖牙魚就會一口吞下整條魚。儘管尖牙嚇人，但相當管用。不過，因為上方的兩根門牙和下方的兩根尖牙太長了，所以尖牙魚沒辦法閉上嘴巴，總是半張開著嘴巴。對了，尖牙魚還是幼童時，因為還沒有長出尖牙，所以是能夠閉上嘴巴的。

# 不做日光浴就會死翹翹。

含淚指數

## 海鬣蜥

◆名稱：海鬣蜥
◆分類：爬蟲類有鱗目
◆分布：科隆群島
◆體型：全長120～150公分

在科隆群島出沒的海鬣蜥會潛入海裡，尋找海藻來填飽肚子過日子。

不過，這是非常危險的行為。怎麼說呢？因為科隆群島的海水十分冰冷，而鬣蜥無法維持固定的體溫。海鬣蜥若是潛入海裡超過20分鐘以上，身體就會失溫而無法動作，最後溺死。就算還沒有吃飽，海鬣蜥也必須爬上岸做個日光浴，讓體溫回升。海鬣蜥必須花上一整天的時間，才能夠填飽肚子。

令人心疼的真實故事

# 5 上野教授和忠犬八公

## 來到東京的狗寶寶小八

1923年11月，一隻秋田犬寶寶在日本現今的秋田縣大館市的齊藤家誕生了。這隻秋田犬寶寶當然想也沒想過自己日後會被取名為小八，成為日本最有名的小狗。不知道小八是抱著什麼樣的心情度過牠的一生？

我是一隻秋田犬，名叫小八。

我出生後沒多久，在東京大學教書的上野教授一家人願意收養我，所以我被送到了上野車站。長達20個小時的火車之旅實在是非常辛苦，當我抵達位於澀谷的教授住家時，

已經累到全身癱軟。

「可憐的孩子，讓牠搭長程火車實在太勉強牠了。」

可能是以為我已經死掉了，教授的太太用悲傷的語調說道。

「沒那回事，這孩子不會有事的。妳趕快去準備熱牛奶給牠喝。」

教授像在鼓勵我似的說道。我伸出舌頭不停舔著牛奶。舔著舔著，我的身體漸漸暖和起來，變得有精神了。

教授非常細心地照顧我。有時候我晚上想媽媽，忍不住發出「咕嗚～」的哭聲時，教授會讓我鑽進他的被窩裡，陪我一起睡。

一年過去了，我也長大了。每次遇到教授要去大學教書的日子，我都會接送教授到澀谷車站。我會一直目送教授，直到教授的身影消失在剪票口的另一端。到了教授快回來的傍晚時間，我也會準時到車站接教授。

## 一直等待教授回來

過了半年後，奇怪的事情發生了。我像平常一樣到車站，但就是等不到教授回來。即使到了晚上，還是沒看見教授從剪票口走出來。

不得已，我只好先回家看看，結果發現家裡不大對勁。

「小八……教授他……不會再回來了。」

教授不會再回來是什麼意思啊？教授太太的聲音顫抖著說：

「教授今天在大學裡昏迷過去，就這麼走了。」就這麼走了是什麼意思啊？不是啊，可以先告訴我教授什麼時候會回來嗎？

家裡來了很多人，每個人都在哭泣。現在我搞懂教授遇到什麼可怕的事情了。我一直關在收著教授衣物的櫥櫃裡，擔心得整整三天什麼也吃不下。

儘管如此，我還是每天到車站接教授。我好想看到教授看見我在等他時的開心笑臉。一年過去了，三年、五年……歲月慢慢流逝。後來，澀谷車站的前面立起一尊和我長得一模一樣的小狗銅像。

從教授不見到現在，已經過了九年，我也變成一條老狗了。我變瘦了，視野也變得模糊，看不太清楚東西。

儘管如此，我今天還是像平常一樣一邊等教授，一邊打瞌睡。結果……

「小八，對不起喔！讓你等了九年這麼久，我們回家吧……」

教授終於回來了，我開心地撲向教授。這或許是我臨死前做的一場夢。不過，我很幸福……

我躺在教授的懷抱裡，緩緩地

閉上眼睛。

1935年3月8日的早晨，春意盎然，在澀谷的小巷子裡發現了小八的屍體。

直到今天，仍然有很多人相約時，會約在澀谷車站前方的忠犬八公銅像前面會合。

令人心疼的真實故事

# 6 回歸野外的艾莎

## 被人類養育長大的獅子寶寶

那一年是1956年。

「食人獅出現了！」

肯亞的狩獵監視官喬治．亞當森接到報告後，立刻拿起了獵槍。

「必須立刻採取行動才行。」

他想起了1898年發生的「察沃食人獅事件」。在那次的事件中，有將近三十人因為兩頭雄獅子而犧牲性命。

一般來說，獅子會攻擊牛羚或飛羚等草食性動物來吃。不過，獅子若是年紀大了或受了傷，就很難抓到跑得飛快的動物。獅子不知在什麼時候巧恰攻擊了人類，發現其實打倒手無寸鐵的人類挺容易，於是就開始攻擊人類了。

為了避免發生像察沃食人獅那樣的事件，喬治立刻前往現場，接二連三地射殺食人獅。

「應該沒有其他食人獅了吧？」

喬治環視四周確認，結果看見待在岩石裂縫裡，三隻出生後還不到幾個星期的獅子寶寶。喬治為失去雙親的獅子寶寶感到憐憫，並起了念頭想要自己親手照顧看看。

喬治把三隻獅子寶寶當成禮物帶回家後，他的太太喬伊．亞當森開心得不得了，分別幫獅子寶寶取名為大塊頭、艾莎、魯絲緹卡。

不過，三隻獅子寶寶突然被人帶到陌生住處，害怕得連牛奶也不肯喝。喬伊把牛奶沾在自己的手上給三隻獅子寶寶舔，慢慢幫助牠們放鬆緊張的情緒。

就這樣，獅子寶寶也漸漸適應了和喬伊一家人的生活，一天一天地長大。

可是，剛來到喬伊家裡時還像貓咪一樣小小隻的獅子寶寶，已經長大到有客人來訪時，會嚇得慌張逃跑出去的龐大體型。這麼一來，就不能繼續養在家裡了。不得已之下，只好拜託荷蘭的鹿特丹動物園收養獅子寶寶們。不過，在喬伊的要求下，艾莎留了下來。

艾莎是喬伊最疼愛的一隻獅子。喬伊不想讓艾莎被關在動物園籠子裡，而是想要讓艾莎回到大自然的熱帶草原上，成為野生獅子。

不過，這是一項非常困難的任務。因為野生獅子會組成獅群生活。獅群裡的小獅子會有媽媽教牠們如何狩獵，但被人類養育長大的艾莎完全沒有這方面的經驗。如果就這樣把艾莎丟在大自然中不管，艾莎將會抓不到獵物，最後餓死。被敵人攻擊時該如何防身，艾莎也是一無所知。

每次喬伊試圖讓艾莎學習狩獵時，艾莎總會和對方玩耍起來。如果試著把艾莎放在公獅子附近，結

局就是艾莎會害怕得逃跑。

儘管如此，亞當森夫妻倆還是一心一意、不氣餒地訓練艾莎。不氣餒地訓練之下，艾莎終於打贏野生母獅子，順利回歸野外生活。

## 重逢回歸野外後的艾莎

艾莎回歸野外生活，也不再現身後，大約過了一年的時間。

亞當森夫婦來到與艾莎分開的自然保護區。他們試著大聲呼喚艾莎的名字，但沒有看見艾莎的身影。時間一天一天過去，終究還是到了亞當森夫婦在自然保護區停留的最後一天。

「艾莎已經回歸野外了。」

亞當森夫婦死了心，並準備回家。就在這時，一隻母獅子突然從茂密的草叢裡現身。亞當森夫婦一眼就看出那是艾莎。艾莎還帶著三隻小獅子。

艾莎懷念不已的模樣，身體磨蹭喬伊。喬伊不由得抱住艾莎的脖子，艾莎也開心地舔起喬伊的臉。

明明已經回歸野外生活一年了，艾莎還記得亞當森夫婦兩人。如夢般的時間一轉眼就過了。艾莎和小獅子們聽到公獅的叫聲後，便朝向草叢的另一端走回去。

在那之後，亞當森夫婦和艾莎

還是持續保持交流。艾莎時而會帶著小獅子們來找亞當森夫婦。

不過，很遺憾地，艾莎因為染上傳染病，在1961年1月24日死去。艾莎還很年輕，才五歲而已。以獅子的壽命來說，野生獅子大約可以活到十歲，被飼養的獅子則是大約可以活到二十歲，所以艾莎的一生真的很短暫。

可是艾莎在亞當森夫婦濃厚的關愛下長大，肯定是過了溫馨又幸福的一生。

Chapter 3

# 第 3 章

## 【令人心疼的育兒辛酸】

在這個章節裡，將告訴大家有哪些動物奮不顧身地保護並養育自己的孩子。

# 為了育兒奮不顧身！

對動物來說，育兒是最重大的任務。即使面對嚴酷的環境，動物們拚了命地存活下來，就是為了要留下後代。

不過，四周藏著數不清的敵人。雖然不常見，但有些時候敵人甚至是跟自己同類的動物。所以，動物媽媽會為了保護小寶寶拚死拚活。

小寶寶是靠著與生俱來的本能在行動。牠們能夠存活下來純粹是偶然，只有運氣好的小寶寶才能夠存活下去。很多小寶寶幾乎都是被吃掉或遭到攻

擊死亡。不過，在大自然的世界裡，這些小寶寶不會白白犧牲生命。因為獵食者們大多也會養育小寶寶。

在頭腦比較發達的動物當中，有些動物會教育孩子。牠們會教育孩子如何捕捉獵物或如何從敵人的手中逃脫。如果是群體生活的動物，他們會讓孩子親身體驗，教導孩子哪些地方有水和食物，或是藏身處有哪些優缺點。

我們人類或許會覺得這些動物抱著一顆深愛孩子的心在育兒，但其實牠們幾乎都是靠本能在行動。不過，對於保護孩子這一點，動物可說比人類更加奮不顧身。

# 只要一挪開視線，孩子就會被帶走。

含淚指數

# 海獺

◆名稱：海獺
◆分類：哺乳類食肉目
◆分布：北太平洋
◆體型：身長76～120公分

海獺幾乎一輩子都在海上生活。生產和育兒也都是在海上。在海獺寶寶學會游泳之前，海獺媽媽會讓寶寶躺在自己的肚子上。這時，如果海獺寶寶因為在海上而身體發冷，海獺媽媽就會朝寶寶呼出熱氣，幫寶寶取暖，可見海獺媽媽有多麼愛護自己的寶寶。

不過，海獺媽媽必須潛入海裡尋找貝類等食物時，不能帶著寶寶一起行動。只能讓寶貝孩子浮在海面上，獨自潛入海裡。挪開視線的這段時間，很容易發生海獺寶寶被海鷗或鵰等敵人叼走的悲劇。

# 鳥爸爸媽媽會假裝受傷來引開敵人。

含淚指數

## 小環頸鴴

◆名稱：小環頸鴴
◆分類：鳥類鴴形目
◆分布：歐亞大陸、非洲
◆體型：全長14～17公分

小環頸鴴會在水邊野草稀疏的地面築巢。因為這樣，鳥巢裡的鳥蛋或雛鳥經常成為狐狸或蛇等敵人的獵食目標。當然了，鳥爸爸媽媽會設法保護鳥蛋或雛鳥。

鳥爸爸媽媽會用什麼方法保護呢？牠們居然是拿自己當誘餌來引開敵人！而且，為了吸引敵人的目光，鳥爸爸媽媽還會假裝受傷。腳步搖搖晃晃地從鳥巢走遠，把敵人吸引過來。然後，等到拉開足夠的距離後，鳥爸爸媽媽就會飛走逃開。鳥爸爸媽媽是賭上性命在保護孩子。

# 為了回到故鄉，不惜賭上性命。

含淚指數

## 鮭魚

◆名稱：鮭魚（白鮭）
◆分類：輻鰭魚綱鮭形目
◆分布：北太平洋
◆體型：身長70公分

鮭魚在河川裡從魚卵孵化後，都會在出生的河川裡棲息，直到成長到約5公分後，就會游出大海。接下來，牠們會一邊往寒冷的海域遷移，一邊成長。經過約四年的時間長大為成魚後，鮭魚們為了產卵，會返回故鄉的河川。這趟回鄉的旅程充滿危機。

3000～3500條鮭魚當中，只有僅僅2、3條鮭魚能夠順利返回故鄉。更加辛苦的是，回到故鄉的鮭魚還要在不吃不喝之下，奮力游回河川的上游，在河底產卵後，隔沒幾天就會死去。

含淚指數

# 金雕

◆名稱：金雕
◆分類：鳥類隼形目
◆分布：北半球
◆體型：全長75～90公分

## 沒有搶先一步破殼而出，就會活不下去。

金雕會在鳥巢裡產下兩顆鳥蛋，但其中一顆鳥蛋孵化成雛鳥後，另一顆鳥蛋就會陷入悲慘的命運。

先孵化成雛鳥的金雕寶寶，會試圖讓另一顆鳥蛋掉出鳥巢外。就算另一顆鳥蛋沒有從鳥巢掉下去，平安孵化成雛鳥後，也會被第一隻金雕寶寶用尖銳的鳥喙戳刺，或是被奪走食物。後來出生的雛鳥終究還是會早早夭折。後來出生的雛鳥被視為第一隻雛鳥的備用鳥，只要第一隻雛鳥沒出什麼意外，備用鳥就無法存活下去。

含淚指數

# 袋鼠

◆名稱：紅大袋鼠
◆分類：哺乳類袋鼠目
◆分布：澳洲
◆體型：身長85～160公分

## 萬一不小心掉出育兒袋，也不會被撿回來。

母袋鼠的肚子有一個育兒袋，袋鼠媽媽會在育兒袋裡養育寶寶。相信大家在動物園裡，也都看過袋鼠寶寶從育兒袋裡探出頭來的模樣。

那麼，究竟袋鼠是什麼時候開始在育兒袋裡養寶寶的呢？答案是一出生、馬上。袋鼠寶寶出生後，會憑靠自己的力量爬上媽媽的身體，鑽進育兒袋裡。

這個時候，如果袋鼠寶寶

沒能夠順利爬進育兒袋，不小心掉落在地上，袋鼠媽媽和其他袋鼠都不會幫忙撿起來，袋鼠寶寶就會死掉。正因為是個有足夠力氣爬進育兒袋裡的健康寶寶，袋鼠媽媽才會願意養育牠。

育兒袋裡有乳頭，只要順利鑽進育兒袋裡，袋鼠寶寶就可以吸奶吸得飽足，所以幾乎不會掉出育兒袋，能夠平平安安長大。

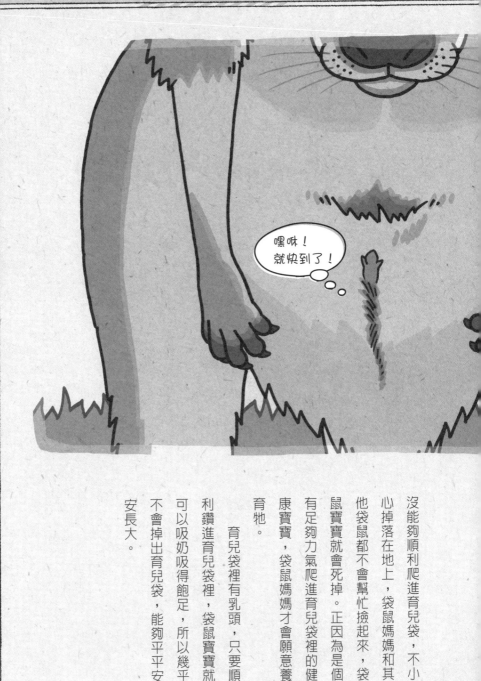

# 公象會被趕出象群。

含淚指數

## 非洲草原象

◆名稱：非洲草原象
◆分類：哺乳類長鼻目
◆分布：非洲（撒哈拉沙漠以南）
◆體型：身高320～400公分

非洲草原象會以最年長的母象為老大，帶領牠的姊妹以及牠們的象寶寶們組成象群一起生活。所以，象群裡的公象都是象寶寶。

那麼，母象生下的公象寶寶長大之後，會怎麼樣呢？因為象群是以母象為中心，所以就算是自己的親生孩子、就算想要永遠和自己的孩子一起生活，公象還是會被趕出象群。被趕出象群的公象會就這麼獨自生活，或是和幾頭年輕公象組成象群一起生活。

# 母龜產卵時會哭個不停。

含淚指數

## 赤蠵龜

◆名稱：赤蠵龜
◆分類：爬蟲類龜鱉目
◆分布：太平洋、大西洋等海域
◆體型：龜甲長度70～100公分

赤蠵龜習慣在暖和的海域棲息，但每年5～8月的晚上，牠們會爬上岸，到沙灘上產卵。赤蠵龜一次會產下100顆以上的龜卵，但在產卵時，赤蠵龜媽媽的眼裡會不停地流出淚水。那模樣看起來像是產卵產得很辛苦，人類看到那畫面也會覺得很感動。

但是呢，赤蠵龜媽媽其實只是為了把多餘的鹽分排出體外，才會流眼淚。對了，像企鵝或蜥蜴會從鼻子排出多餘的鹽分，看起來就像在流鼻水。

含淚指數

# 馬鐵菊頭蝠

◆名稱：馬鐵菊頭蝠
◆分類：哺乳類翼手目
◆分布：歐洲、亞洲等地區
◆體型：身長5.6～8.0公分

## 只要一個不注意，蝙蝠寶寶就會掉下來。

每年到了六月的時候，馬鐵菊頭蝠會在棲息的洞窟裡生寶寶。蝙蝠寶寶一出生後，就會咬住長在媽媽下腹部、不會有奶水的「假乳頭」，並且緊緊抓住媽媽。

馬鐵菊頭蝠會在洞窟裡倒吊著生活，蝙蝠寶寶如果沒有成功咬住假乳頭，就會直直墜落地面。還有，蝙蝠媽媽會在寶寶咬住假乳頭的狀態下飛來飛去，所以蝙蝠寶寶只要一鬆開嘴巴，還是會墜落地面。蝙蝠寶寶總是面臨與死神擦肩而過的危機。

# 只要一走丟，就一輩子也找不到爸爸媽媽。

含淚指數

# 牛羚

◆名稱：黑斑牛羚
◆分類：哺乳類偶蹄目
◆分布：南非、東非
◆體型：身長170～240公分

牛羚是棲息於非洲草原上的動物，為了尋求綠草，牠們一年會聚集兩次多達一百萬隻的群體，進行大規模的遷移。遷移的距離有多遠呢？往返一趟下來，長達一千公里。牛羚會在遷移的途中集體生產，所以也會看見很多才出生沒幾個月的牛羚寶寶。

牛羚寶寶在遷移中只要一走丟，就再也找不到爸爸媽媽，最後不是餓死，就是遭到獵豹攻擊被吃下肚。就算順利存活下來，也可能在越過河川的途中溺水，或被鱷魚攻擊，最後難逃一死。

含淚指數

# 北狐

◆名稱：北狐
◆分類：哺乳類食肉目
◆分布：東北亞、日本北海道
◆體型：身長62～78公分

## 北狐媽媽會故意冷漠對待孩子，讓孩子學習自立。

到了春天的時候，北狐會生下大約4～7隻北狐寶寶。北狐媽媽會細心照顧寶寶，並且保護寶寶不受到小狗等敵人的攻擊。

到了夏天的時候，北狐媽媽會教導如何狩獵，讓寶寶們學會憑靠自己的力量抓到蛇隻等獵物。

充滿了母愛的北狐媽媽，到了秋天，為了讓寶寶們學習自立，北狐媽媽會故意咬想要回巢穴的寶寶，把牠們趕出巢穴。所以，對北狐來說，秋天是離別的季節。

這也是一種愛的表現，知道嗎？

# 其他鴕鳥夫人生的蛋是拿來當誘餌的。

含淚指數

## 鴕鳥

◆名稱：鴕鳥
◆分類：鳥類鴕鳥目
◆分布：非洲
◆體型：母鴕鳥全長175～190公分

從第一夫人到第五夫人，公鴕鳥擁有很多位老婆。雖然每位夫人都各自會產下鴕鳥蛋，但所有鴕鳥蛋都是由第一夫人負責孵蛋。其他夫人產下鴕鳥蛋之後，就會被趕到其他地方去。

可是，第一夫人最多也只能夠孵20顆左右的鴕鳥蛋。其他超出第一夫人能力範圍的鴕鳥蛋會被推開到鳥巢的四周。這時，鬣狗或其他會盯上鳥蛋的獵食者就會跑來偷走鴕鳥蛋。所以，第一夫人最終只能保護自己生下的鴕鳥蛋。

# 以為是同伴，結果根本搞錯了。

含淚指數

# 日本巨山蟻

◆名稱：日本巨山蟻
◆分類：昆蟲類膜翅目
◆分布：日本北海道～九州、中國等地區
◆體型：身長7～12公厘

黑灰蝶是非常機靈的蝴蝶，從卵孵化出來的黑灰蝶幼蟲會分泌出近似日本巨山蟻的氣味來騙人，讓日本巨山蟻把黑灰蝶幼蟲搬到巢穴去。

這麼一來，日本巨山蟻被騙了也不知道，還餵東西給黑灰蝶的幼蟲吃，幫牠們洗澡。就這樣一直照顧11個月的時間，直到黑灰蝶的幼蟲羽化。

不過，黑灰蝶變為成蟲之後，就無法再分泌氣味。這時，日本巨山蟻就會展開攻擊，黑灰蝶只得急忙逃出巢穴。

含淚指數

# 無尾熊

◆名稱：無尾熊
◆分類：哺乳類袋鼠目
◆分布：澳洲東部
◆體型：身長60～83公分

## 無尾熊寶寶會吃媽媽的糞便。

無尾熊寶寶一出生，就會立刻鑽進媽媽肚子上的育兒袋，喝著母奶長大。大約六個月後，無尾熊寶寶會從育兒袋裡探出頭來，然後竟然會吃起從媽媽肛門排出的糞便！

不過，那不是一般的糞便。那是無尾熊媽媽吃下尤加利樹的葉子，然後把葉子消化成一種稱為「Pap」的綠色軟便。這個軟便是無尾熊寶寶的副食品。

無尾熊只會吃尤加利葉。可是，尤加利葉的纖維太硬，不容易消化，而且具有毒性。軟便裡含有微生物可以幫助消化尤加利葉的纖維，並消除毒性。

無尾熊寶寶吃下軟便後，就可以讓微生物在牠的盲腸裡生存，也可以開始自己消化尤加利葉。

對了，在哺乳類動物當中，無尾熊的盲腸最長，有些甚至有兩公尺那麼長。

含淚指數

# 黑猩猩

◆名稱：黑猩猩
◆分類：哺乳類靈長目
◆分布：非洲（中部、西部）
◆體型：身長150公分

## 黑猩猩哥哥或姊姊有時會為了照顧弟妹，過度疲勞而死。

黑猩猩媽媽在育兒時，會一直抱著寶寶生活。黑猩猩媽媽必須一直陪伴著寶寶，而且一陪就是四年那麼久。

那麼，萬一黑猩猩媽媽在這段期間死掉了該怎麼辦？雖然黑猩猩爸爸也在群體裡，但不會參與育兒的工作。這時，黑猩猩寶寶的哥哥或姊姊就會負起照顧的責任。不過，對大人來說，要一直抱著寶寶過生活就夠辛苦了，更何況是小孩子呢！所以，黑猩猩哥哥或姊姊有時會因為照顧弟妹太累人，最後過度疲勞而死。

含淚指數

# 日本紅螯蛛

◆名稱：日本紅螯蛛
◆分類：蜘蛛網蜘蛛目
◆分布：日本北海道～九州、中國等地區
◆體型：身長10～15公厘

## 紅螯蛛媽媽會犧牲自己，讓孩子吃她的身體。

日本紅螯蛛的體型雖小，但具有強烈的毒性，萬一被牠咬到手指，有時候甚至會從手指紅腫到手肘的部位。雖然日本紅螯蛛如此可怕，但紅螯蛛媽媽的育兒方式，那可真是「終極的母愛」。

因為紅螯蛛媽媽會讓蜘蛛寶寶吃她的身體。孵化出來的蜘蛛寶寶完成第一次脫皮後，紅螯蛛媽媽會讓蜘蛛寶寶們吸取她的體液，並結束自己的生命。最後，蜘蛛寶寶們就這麼丟下紅螯蛛媽媽的屍體，各自散去。

含淚指數

# 皇帝企鵝

◆名稱：皇帝企鵝
◆分類：鳥類企鵝目
◆分布：南極大陸
◆體型：全身100~130公分

## 為了孵蛋，六十天不吃不喝。

南極大陸的寒冬，氣溫有時會下探到零下60℃，皇帝企鵝卻會在這個時節裡生蛋。

孵蛋的工作由公企鵝負責。公企鵝把蛋放在腳上後，就開始在嚴酷的暴風雪中，任憑吹打，不吃不喝地持續孵蛋上六十天，直到孵出小企鵝。

那麼，在這段時間裡，母企鵝都在放鬆休息嗎？不是那

樣子的。母企鵝必須出遠門，去一百公里遠的海洋。抓到要餵食企鵝寶寶的魚兒後，母企鵝又得走上一百公里的路程回家。

如果企鵝寶寶出生後，母企鵝還沒有抓到食物回來，公企鵝就會從食道分泌一種乳白色、營養滿分的乳狀液體來餵食企鵝寶寶。

等到母企鵝回來後，公企鵝就會把育兒工作交棒給母企鵝。這時，公企鵝也總算可以出發前往海洋去尋找食物。不過，有些公企鵝在途中會因為營養不足，而無力繼續前進。

# 因為不太會築巢，常常害得鳥蛋掉到地上。

含淚指數

## 夜鷺

- 名稱：夜鷺
- 分類：鳥類鵜形目
- 分布：全世界的溫帶～熱帶地區
- 體型：全身56～65公分

夜鷺的特徵是有著一雙紅色的眼睛，並習慣從傍晚才開始活動，在鳥類當中這樣的習性算是少見。夜鷺主要捕食小魚和青蛙等生物，所以會在水邊的樹林築巢。

夜鷺是利用樹枝築巢，只要築好巢，就每年都使用同一個鳥巢。公夜鷺負責搬運樹枝，母夜鷺把樹枝築成鳥巢。只不過……實在做得相當草率。因為只是隨便把樹枝搭一搭，所以就算一次產下好幾顆鳥蛋，也會經常發生鳥蛋掉出鳥巢，摔破在地上的意外，使得鳥蛋變少。

# 河狸哥哥或姊姊都要幫忙照顧弟妹。

含淚指數

## 河狸

◆名稱：美國河狸
◆分類：哺乳類齧齒目
◆分布：北美
◆體型：身長63．5～76．2公分

河狸棲息於山谷裡的河川，牠們會堆起樹枝築水壩或巢穴，與家人一起居住。因為河狸每年春天都會生小寶寶，所以前一年出生的哥哥或姊姊就不能繼續向爸爸媽媽撒嬌。河狸哥哥或姊姊要當媽媽的好助手，像是替弟弟妹妹搬運食物等等。

所謂的好助手，也包含了學會如何築水壩或巢穴。到了兩歲的時候，河狸就必須離開爸媽，自己築水壩和巢穴，開始獨立生活。不過，如果技巧不好，就無法獨立生活，必須再當一年的好助手。

含淚指數

# 吳郭魚

◆名稱：吳郭魚
◆分類：輻鰭魚綱慈鯛目
◆分布：東非（原產地）
◆體型：身長40公分

## 辛苦養育的孩子卻是敵人。

吳郭魚的同類都會把魚卵含在嘴裡照顧。這麼做能夠保護魚卵不會受到敵人的攻擊，相當安全。

不過，有時候會有危險份子趁亂混入吳郭魚的嘴裡。歧鬚鮠會把自己的魚卵混在吳郭魚的魚卵之中。吳郭魚什麼也沒發現，就這麼把歧鬚鮠的魚卵含在嘴巴裡，直到魚寶寶孵化出來。只是，有時候先孵化出來的歧鬚鮠幼魚會把吳郭魚的幼魚吃個精光。

不僅如此，吳郭魚不會察覺到自己的孩子已經被敵人全部吃掉，還會以為歧鬚鮠是自己的孩子，細心照顧牠們。

要健健康康長大喔！
呵呵！

令人心疼的真實故事

# 7 賽馬基斯頓

## 與山本騎師一起挑戰長距離賽程

1962年3月15日，基斯頓在日本北海道的一座牧場出生。基斯頓因為體型嬌小，所以不被看好能夠當一匹賽馬。

不過，後來基斯頓和山本正司騎師一起參加1000公尺的賽程，把對手遠遠拋在後方獲得勝利，讓大家驚訝得說不出話來。在那之後，基斯頓場場比賽都獲得勝利，一路晉級參加在日本東京舉辦的大型賽馬比賽。

基斯頓第一次參加東京的賽馬比賽時，也贏得了勝利。可是，在1800公尺的比賽時不幸落敗。

大家都說有可能是基斯頓不擅於長距離的賽程，但還是讓牠參加了距離長達2000公尺、名為「皐月賞」的大型比賽。比賽結果，基斯頓拿到第十四名，首嘗慘敗的滋味。

當天晚上，調教師松田先生把山本騎師叫了過去說：

「馬主問我可不可以換個騎師試試。基斯頓非常信任你，我也覺得你才是最適合基斯頓的騎師，只是也不能不理會馬主的要求。」

當時已經決定好要讓基斯頓參加知名大型比賽「東京優駿」。不過，這場比賽的距離長達2400公尺，是基斯頓不擅長的長距離賽

程。可是，如果沒有在這場比賽贏得勝利，基斯頓和山本騎師有可能無法繼續當搭檔。所以，絕對不能輸了這場比賽。

「我絕對要贏得勝利，以後也要和基斯頓繼續一起奔馳！」

決定命運的比賽開始了。基斯頓像是回應山本騎師的心意似的，氣勢洶洶地衝出閘門，心情爽快地搶先跑在前頭。即使來到直線賽道，氣勢也絲毫未減。其他賽馬拚命地想要追上基斯頓，但基斯頓就這麼一路領先，第一個抵達了終點。

基斯頓終於克服了長距離的障礙，奪下東京優駿的冠軍。

在那之後，基斯頓還是繼續挑戰各種比賽。到了1967年12月17日，基斯頓準備前往參加距離3100公尺的阪神大賞典比賽。

## 基斯頓的最後一場比賽

這天，基斯頓也是心情爽快地搶先跑在前頭。基斯頓一路奔馳，繞過最後的第四個轉彎處來到直線賽道上之後，牠加快腳步，不停地加速前進。

就在這時，山本騎師忽然感覺到身體輕飄飄地浮起來。下一秒鐘，山本騎師的眼前變得一片黑暗。山本騎師從馬背上摔落，就這

麼失去了意識。

隔了一段時間後，山本騎師發現不知道有什麼東西頂著他的胸口，於是微微張開了眼睛。原本顯得模糊的視野逐漸變得清晰後，山本騎師看見基斯頓一臉擔心的表情，出現在他的眼前。

看見基斯頓的左前腳搖來晃去，山本騎師知道基斯頓骨折了。骨折算是重傷，如果是一般的馬兒，肯定會痛得發狂失控。不過，基斯頓忍受著劇烈的疼痛，靠著三隻腳走近失去意識的山本騎師身邊，彷彿在說「你還好嗎？」的模樣，用鼻尖磨蹭山本騎師的胸口。

山本騎師忘我地抱住基斯頓的頭。「拜託你們了。」山本騎師說了這麼一句後，把韁繩遞給跑來救援的工作人員，便去接受治療了。

之後，山本騎師接受治療完畢，一開口就先詢問基斯頓的狀況。一名工作人員語氣沉重地開口說：

「基斯頓左腳第一趾關節完全脫臼……已經安樂死了。」

因為沒有方法可以治療，也不可能痊癒，所以決定將基斯頓安樂死，這麼做至少可以讓基斯頓不受疼痛折磨。山本騎師沉默不語地聽著消息，一行淚水從他的眼角靜靜滑落。

令人心疼的真實故事

# 8 從育兒袋落下的小水滴

## 從背巾裡探出頭來打招呼

一隻母紅頸袋鼠寶寶在日本東京的江戶川區自然動物園裡誕生了。袋鼠寶寶的名字叫作「小水滴」，牠是一隻身長2公分、體重只有1公克的小寶寶。

紅頸袋鼠是小袋鼠的同類，一般大袋鼠的小寶寶會窩在媽媽肚子上的育兒袋裡長大，而小袋鼠也一樣。

小袋鼠寶寶一出生就會立刻靠自己的力量爬上媽媽的身體，然後鑽進育兒袋裡。小袋鼠寶寶會就這麼待在育兒袋裡生活大約五個月後，才離開育兒袋。

袋鼠寶寶住在育兒袋中的那段時間裡，袋鼠媽媽會細心照顧寶寶，像是把寶寶的糞便舔乾淨，或是餵奶給寶寶喝。

不過，有一天，小水滴不小心從育兒袋裡掉了出來。那時的小水滴還很小，身上的毛都還是稀稀疏疏的。

紅頸袋鼠的媽媽不會把掉出去的寶寶撿回來、重新放進育兒袋裡。

飼養員河村小姐一次又一次地把小水滴放回媽媽的育兒袋裡，但小水滴很快地又會掉出來。

「啣～啣～」小水滴趴在地上不停發出悲傷的哭聲。河村小姐看了後，下定決心說：

「再這樣下去，小水滴會虛弱到死掉。決定了！就讓我來養小水滴吧！」

不過，河村小姐當然不曾養過紅頸袋鼠的寶寶。她也不認為只要放進飼養盒，小水滴就能夠平安長大。想來想去後，河村小姐決定自己披上和袋鼠媽媽育兒袋相似的背巾，讓小水滴待在背巾裡。

## 河村小姐的溫柔養育

一直以來，大家都認為就算在動物園看見紅頸袋鼠的寶寶不小心掉出育兒袋，也很難把袋鼠寶寶養育長大。或許是感受到壓力，袋鼠寶寶總會無法順利喝奶，身體很快就會變得虛弱。

不過，可能是因為使用了背巾，讓小水滴安心，覺得自己就像在媽媽的育兒袋裡。小水滴喝了很多的奶，一天一天地健康長大。

在餵奶時，河村小姐會摀住小水滴的眼睛，讓小水滴處眼前一片黑暗。這麼一來，小水滴的心情就會平靜下來，覺得像是真的在媽媽的育兒袋裡喝奶。

還有，當小水滴無法順利排便時，河村小姐會用溫熱的面紙輕撫小水滴的屁股，幫助牠排出糞便。

---

## 人家想在外面玩耍！小水滴展開練習

過了大約五個月，小水滴身上的毛長得越來越濃密。已經到了小水滴該學習自立的時期。小水滴變得想要跳出背巾到外面去。

可是，外面的世界處處充滿危機。搞不好小水滴會跳著跳著，就不小心撞到牆壁，也有可能會被烏鴉攻擊。於是，河村小姐決定先帶小水滴到沒有人的操場上，練習如何在外面玩耍。

「小水滴！小心不要撞牆喔！如果看到貓咪或烏鴉跑來，要趕快逃回我這裡來喔！」

一開始，小水滴一副膽怯的模

樣，但很快地，就開始在操場上活力十足地跳來跳去。

在那之後，小水滴完全適應了外面的世界，也開始和其他小袋鼠們一起健健康康地生活。

不過，即使和河村小姐分開，對小水滴來說，河村小姐現在也還是牠最愛的媽媽。

令人心疼的真實故事

# 9 母猴宇津保的傷心寶物

## 宇津保抱在懷裡的虛弱寶寶

這是超過半世紀以前，在日本幸島持續觀察猴子的三戶佐津江女士親眼目睹的故事。

幸島是一座位在宮崎縣日南海岸的離岸小島，以前有很多野生猴子在幸島上棲息。

那些猴子當中有隻名為「宇津保」的猴子。宇津保在夏天時生了一隻猴子寶寶，猴子寶寶有著柔軟的黑色毛髮，長得十分可愛。

猴子寶寶最初還會緊緊抓住宇津保的胸口喝著母奶，但過了兩、三天後，猴子寶寶開始變得沒有精神。猴子寶寶勉強抓著宇津保的胸口，但漸漸地，後腳開始無力地垂下。

宇津保單手牢牢抱住寶貝孩子活動了好一段時間，但無奈猴子寶寶在出生約一星期後就死了。

可是，宇津保還是一直很愛護地抱著猴子寶寶的屍體。隨著日子一天一天地過去，猴子寶寶的屍體漸漸乾枯，也越縮越小，最後變得像木乃伊一樣。儘管如此，宇津保還是繼續抱著屍體。

吃飯的時候，宇津保也會不時留意放在身旁的木乃伊寶寶，一吃飽飯就會再次抱起木乃伊寶寶，急忙回到森林去。

## 消失不見的木乃伊寶寶

有一天，猴群為了搶食物而鬧成一團，宇津保也被捲入騷動之中。騷動平息下來後，其他猴子都回到森林去。

可是，只有宇津保還不肯回去，一直在海邊和岩石堆裡來來去去。仔細一看，這才發現宇津保的手上沒有抱著木乃伊寶寶。宇津保可能是在搶食物時太過激動，不知道把木乃伊寶寶放到哪裡去了。

宇津保拚命地尋找，但就是找不到木乃伊寶寶。天色暗了下來，宇津保垂頭喪氣地消失在森林裡。

隔天，宇津保很幸運地找到了

木乃伊寶寶。宇津保鬆了口氣，牢牢地抱住木乃伊寶寶，急忙回到森林裡去——

這樣的故事不是只發生在宇津保的身上。聽說在日本大分縣的高崎山上，也有猴子媽媽抱著死去的猴子寶寶長達三個星期。

還有，聽說在西非的幾內亞，也有野生的黑猩猩媽媽一直背著寶寶走動，就像寶寶還活著一樣。

即使孩子已經變成木乃伊，猴子媽媽卻還是一直抱著寶寶不放。是以為孩子還活著嗎？或是儘管知道孩子已經死了，還是傷心得不肯放開手呢？

---

對於動物的行動和情感，還有太多太多人類猜不透的地方。到現在，還是沒有人懂宇津保的心情。

Chapter 4

# 第 4 章

## 【令人心疼的滅絕紀錄】

在這個章節裡，將告訴大家已滅絕動物的最後一隻動物，有著什麼樣的故事。

# 什麼是滅絕？

滅絕是指某種動物已經從世界上消失不見。造成滅絕有好幾種原因，也有因為隕石掉落，使得氣溫急速下降造成的，但這是在大自然界裡無可避免的意外。

這種情況，只要地球還存在，就會有動物在某處存活。存活下來的動物大多擁有新性質，可以讓自己適應環境，在地球穩定下來後，就會大量繁殖。

如果是像這樣因為自然現象而使得環境出現

巨大變化，才造成滅絕事件發生的話，動物進化的可能性就會變高。

不過，如果是因為人類的舉動而害得動物滅絕，就無法創造出新的環境，動物也無法進化，只會害得那個動物或牠的同類動物被徹底消滅。當動物種類減少，網狀的食物鏈變得鬆散後，只會使得動物不再那麼多樣化，一點兒好處也沒有。

從地球誕生以來，至少發生過五次的大量滅絕。最近大家都在擔心有可能因為人類的舉動，造成第六次的大量滅絕。

人類所造成的滅絕一點兒好處也沒有，那才是真正令人心疼的滅絕。

令人心疼的滅絕紀錄

FILE_01

# 在1768年滅絕的 斯泰勒大海牛

## 拯救探險隊的巨大動物

1741年，白令隊長帶領的探險隊出發前往北太平洋做調查。可是，因為遇上濃霧和暴風雨，探險隊的船隻在阿留申群島的一座無人島（也就是現在的白令島）附近觸礁遇難。那是一座在航海圖上也找不到的無人島。探險隊決定調查看看究竟是一座什麼樣的島嶼。

展開調查後還不到十分鐘，就傳來慘叫聲與槍響聲。白令隊長和隊員匆匆忙忙前往現場後，看見一隻從來沒有看過、全長有十公尺那麼長的巨大動物直直盯著他們看。白令隊長不由得架起槍枝。

「請等一下！牠看起來和海牛、儒艮屬於同類的動物，個性一定很溫順的。」

一位來自德國的醫生，也是博物學家的斯泰勒這麼告訴大家。如斯泰勒所想，這隻巨大動物與儒艮和海牛屬於同類，後來被冠上斯泰勒的名字，取名為斯泰勒大海牛。

後來，船員們討論後，決定拆解觸礁的船隻，利用船隻的材料建造小船，讓大家能夠逃脫無人島。

不過，開始有人感到全身無力，而且人數越來越多。原來這些人因為缺乏維他命C，而引發了壞血病。到了12月時，就連白令隊長也病倒，最後在無人島上結束了人生。這時糧食也所剩不多了。

「那隻海牛不知道能不能吃喔？」

不知道哪個人這麼問道。

「對喔，鮮肉含有維他命C，搞不好可以用來治療壞血病。」

因為斯泰勒的這句話，大家立刻展開行動獵捕大海牛。一隻大海牛的肉足夠讓好幾十名船員吃上兩個星期，得了壞血病的人也都痊癒了。

於是，在船隻觸礁足足經過十個月後，斯泰勒和大家總算搭上新的船隻，順利從無人島上逃脫。

## 被發現短短27年後，大海牛就滅絕了

斯泰勒寫下的紀錄以『白令海之海洋哺乳動物調查書』的名稱出版成書。阿留申群島原本被認定是一片冰天雪地、了無生機的地方，但因為有了這本調查書，讓多數人得知阿留申群島的周邊海域其實是海獺等海洋哺乳動物的大寶庫。這麼一來，皮草商人們為了得到海獺的毛皮，一

窩蜂地到阿留申群島。人們為了取得可食用的肉以及油燈要使用的油，接二連三地獵殺個性溫順的大海牛。

伊萬．波波夫，他是當初和斯泰勒等人一起前往北太平洋探險，同甘共苦過的同伴。

「那座島現在已經沒有半隻海獺了。」

有個同伴這麼告訴波波夫，但波波夫不死心地前往充滿回憶的島嶼。

可是，波波夫抵達後，島上一片鴉雀無聲，既沒看見海獺，也沒看見海豹的蹤影。

「這什麼狀況啊？」

波波夫在島上徘徊走動。這時，他發現一塊大岩石的後方有兩隻大海牛。

「發現你們有什麼用？一點也不值錢。」

一時氣憤之下，波波夫舉槍朝向大海牛射出子彈。

這是關於斯泰勒大海牛的最後紀錄。

斯泰勒大海牛在1741年被人類偶然發現後，短短27年就消失了蹤影。在那之後，雖然曾有幾次目擊到斯泰勒大海牛的消息，但沒有一次是準確的消息。

令人心疼的滅絕紀錄

FILE_02

# 在1844年6月3日（或4日）滅絕的 大海雀

## 不會飛的北大西洋胖鳥

以前在北半球，有一種外表像極了企鵝的動物叫作大海雀。

不過，大海雀不是企鵝的同類，而是小環鷚鴴的同類，牠是全長有80公分、體重達5公斤的大型鳥類。大海雀曾經在北大西洋的岩石堆棲息，是一個游泳高手，但牠不會飛，只會在岩石堆裡腳步搖搖晃晃地走動。

當地的漁夫都是用古代的凱爾特語「pen gwyn（白色的頭）」來稱呼大海雀。因為有了這樣的稱呼，再加上看見大海雀是個不會飛的胖鳥，學家們就替大海雀取了一個與拉丁語發音相同的名字叫作「pinguis（胖鳥）」。

在那之後，人類開始會到遙遠的南極，結果發現南極也有和大海雀長得一模一樣的鳥類。於是，人類就幫牠們取名為penguin，也就是現在我們所說的企鵝。

以前，聽說大海雀的數量有好幾百萬

隻。不過，因為大海雀的羽毛禦寒效果非常好，以及大海雀的鳥蛋很好吃等原因，大海雀變成人類的獵捕對象，數量因此減少了。

## 沉入海底的大海雀岩

法國的探險隊曾經在１５３４年留下一天獵殺超過一千隻大海雀的紀錄。因為有了這份紀錄報告，很多人都掌握到大海雀的鳥蛋和羽毛很值錢，也很容易捕獲的消息。被金錢沖昏了頭的人們一窩蜂地到南極去，大海雀的數量也就變得越來越少了。

到了十九世紀，不知不覺，只有去冰島海岸一個叫作「大海雀岩」的小島，才看得到大海雀的蹤影。

不過，在1830年，這座大海雀岩突然火山爆發。隨著劇烈的地震，岩漿噴個不停，最後整座島沉入了海底。這場意外害得無數大海雀失去性命。

儘管當時死了無數隻大海雀，但還沒有滅絕。有幾十隻大海雀奇蹟似的存活下來，悄悄在附近的埃爾德島上棲息。

這時候，大海雀已經成了鮮少有機會看見的鳥類。這下子博物館的相關人士著急了。他們說什麼也想要得到大海雀，結果使得大海雀的價格上漲，很多人想要大撈一筆而開始尋找大海雀。

1844年6月3日，改變命運的這一天到來了。

## 被扔到海上的最後一顆鳥蛋

一艘小船載著三個男人慢慢接近埃爾德島。雖然那時大家都認為大海雀已經滅絕，但三個男人還是抱著發財夢來到埃爾德島。上岸後——

「你們看！有大海雀！」

其中一個男人指出方向說道。男人所指的方向有一對大海雀夫婦，牠們小心翼翼地守護著鳥蛋。三個男人對兩隻大海雀展開攻擊。男人們雖然搶到了鳥蛋，但剛剛與大海雀搏鬥的時候，敲到鳥蛋害得蛋殼出現裂痕。

「搞什麼嘛，這樣根本賣不了錢！。」

男人發出咋舌聲，把鳥蛋扔到海裡去。這是最後一次看到活生生的大海雀。

現在，人類只能看著大約100隻的剝製標本以及骨頭標本，來想像大海雀過去的生活。

令人心疼的滅絕紀錄

FILE_03

# 在1905年5月1日滅絕的日本狼

## 中了陷阱的日本狼

在以前，因為日本狼會幫忙驅趕糟蹋田地的鹿或山豬，所以被尊稱為「大口真神」、「大神」。不過，十八世紀因為歐洲的狂犬病（恐水症）傳進日本，日本狼被視為會散播病毒的危險動物。

因此，日本狼在日本各地遭到撲殺。到了明治時代，只要殺死日本狼，甚至還有獎金可以拿。

除此之外，當時一種犬類才會感染、名為犬瘟熱的傳染病爆發大流行，多數日本狼因此死亡。到了1905年，已經幾乎看不見日本狼的蹤影。日本狼的價格因此上漲，對獵人們來說，日本狼變成珍貴的獵物。

或許最後一匹日本狼當時也拚命地想要逃離獵人的魔掌也說不定。

那天是1905年1月裡的某個寒冷天。一匹日本狼在森林裡奔跑。這幾天日

本狼只喝了少許河水，其他什麼東西也沒吃。

因為前陣子下了雪，日本狼無法避免在雪地上留下自己的腳印，獵人們一直緊追不捨，想擺脫也擺脫不掉。

忽然間，日本狼消失了蹤影。

錯了，日本狼是突然倒在地上。因為牠不小心中了獵人設下的陷阱。陷阱緊緊扣住日本狼的腳，好幾天沒吃東西的日本狼已經沒有力氣掙脫逃跑。

日本狼發出悲傷的狼嚎聲後，就這麼無力地垂下頭。天空飄下了零零散散的白色雪花。

天色逐漸暗了下來，森林裡傳來獵人們清脆的腳步聲。腳步聲變成了日本狼最後聽到的聲音。四周變得一片黑暗，日本狼接下來什麼也看不見了……

## 被送往大英博物館的最後一匹日本狼

在英國的大英博物館委託之下，一個名叫阿卡姆·安德森的美國人到處收集日本的動物。

這天，安德森也為了採買動物，帶著翻譯人員一起到位在日本奈良縣內，一個叫作「吉野郡東吉野村鷲家口」的地區。

這時，獵人們扛著日本狼的屍體出現了。安德森看了屍體後，知道那確實是日本狼。

「多少錢？」

安德森透過翻譯人員詢問價格，但非常想要買到日本狼的心情全寫在他的臉上。

「如果你們願意出15日圓，就賣給你們。」

獵人們提出了天價。在當時的時代，一個大人只要有10日圓，就足夠一個月都不愁吃穿。安德森說價格太貴表示拒絕後，獵人們便帶著日本狼的屍體回家去，但很快地又回來找安德森。日本狼的屍體已經有一部分的腹部就快腐爛，獵人們覺得就算拿到其他地方去賣，可能也賣不到好價格。

安德森就這樣以8日圓50錢的價格買下日本狼的屍體，以「鷲家口狼」的名稱送到了大英博物館。在那之後，就不再有過確實發現日本狼的紀錄。

雖然曾有消息表示1990年代在秩父山地，以及2000年在九州中部的山區，有人目擊到看似日本狼的動物，但並沒有得到證實。

日本的環境省（相當於台灣的環保署）針對有可能滅絕的野生動物，整理出紅色名錄，日本狼因為「過去五十年未曾發現有生存者」，所以在紅色名錄中屬於「滅絕物種」。

令人心疼的滅絕紀錄

FILE_04

# 旅鴿

在1914年9月1日滅絕的

## 曾經是世界上數量最多的鳥兒

那一年是1838年。一位以畫鳥出名的美國畫家奧杜邦正在畫室裡畫畫。

這時，窗外忽然暗了起來，同時傳來不知吵鬧什麼的聲音。奧杜邦心想可能是快要下起雷雨，於是抬頭看向窗外，結果嚇了一大跳，連手上的畫筆都掉了。

奧杜邦看見窗外的天空有一大片密密麻麻的鳥兒。不僅如此，數量龐大的鳥兒一群接著一群從天上飛過，整整三天三夜都沒有停止過。

這些鳥兒都是旅鴿。夏天的時候，旅鴿會在加拿大棲息，但到了冬天，每年都固定沿著氣候暖和的墨西哥灣飛行，才會有旅鴿（passenger pigeons）這樣的名字。

聽說在以前，旅鴿的數量多達50億隻。牠們會組成龐大的鳥群進行遷移，還曾經發生旅鴿停歇過的樹枝因為承受不了重量，最後斷成兩截。

不過，在人們開墾美國的中西部之後，旅鴿能吃的櫟樹或樺樹果實減少，開始會啄食農作物。農民們為了保護農作物，開始對付旅鴿。

還有，因為旅鴿的肉質鮮美，加上牠的羽毛可做為棉被材料賣得好價錢，所以人們也開始為了賺錢而獵殺旅鴿。因為這樣，當時每年會有超過1000萬隻的旅鴿被殺害。

## 人們覺得好玩而殺害旅鴿，卻在不知不覺中……

1857年，有人擔心旅鴿被大量殺害過了頭，於是在美國俄亥俄州提出保護旅鴿的法案。可是，法案因為「旅鴿的數量多得驚人，根本不用擔心會滅絕」的理由，最後沒能夠通過。在那之後，旅鴿還是持續遭到獵殺。

到了1867年，終於在美國紐約州通過了「禁止獵捕旅鴿」的法案。不過，這時候的旅鴿數量已經變得少之又少，幾乎很難看到旅鴿的蹤影。

儘管如此，人們還是一發現旅鴿出現，就拿槍射殺旅鴿。在現代或許會覺得難以置信，但對當時的人們來說，拿槍射殺旅鴿就像是一種遊戲。

1907年9月23日，有一隻旅鴿在加拿大的魁北克省遭到射殺。雖然射殺旅鴿的那個人當然不知情，但其實那隻旅鴿是人們看見的最後一隻野生旅鴿。

人們發現大事不妙了。大家本來以為反正旅鴿的數量那麼多，殺再多隻也不用擔心，但等到察覺時，已經只剩下最後一隻旅鴿。

最後一隻旅鴿在美國的辛辛那提動物園出生，被取名為「瑪莎」。理所當然地，只有一隻旅鴿不可能生出小寶寶。曾經有50億隻的旅鴿已經確定即將滅絕。因為是最後一隻旅鴿，所以瑪莎受到細心的呵護照顧。不過，無論是哪一種動物，生命都有限。

那天是1914年9月1日，天氣十分炎熱。這天下午，在樹枝上停歇的瑪莎輕輕摔落下來。工作人員察覺到異狀急忙趕來時，瑪莎早已斷了氣。

在鳥類史上曾經是數量最多的旅鴿，就這樣滅絕了。

令人心疼的滅絕紀錄

FILE_05

## 在大約一萬年前滅絕的大地懶

### 在瀝青坑的最後戰役

距離現在大約一萬年前，在現在的美國洛杉磯，有一座叫作「拉布雷亞瀝青坑」的瀝青坑（天然柏油）。瀝青坑的表面覆蓋著一層水，許多動物會為了喝水而聚集過來。這座瀝青坑有可能曾經是某些動物展開最後戰役的地點。

一對大地懶母子來到了瀝青坑邊。原本背著寶寶的大地懶媽媽放下寶寶，想要讓寶寶喝水。就在這時，「唰！」的一聲傳來，大地懶媽媽轉頭一看，史上最強的肉食性動物「斯劍虎」出現在眼前。

斯劍虎朝向大地懶寶寶筆直地衝來，露出長達20公分以上的尖銳獠牙，準備往大地懶寶寶的脖子咬去。

就在這時，斯劍虎忽然感覺到背後一陣刺痛。原來是大地懶媽媽用牠長長的彎爪刺向斯劍虎。斯劍虎轉過身子，用牠的獠牙狠狠咬了大地懶媽媽一口。

斯劍虎的一擊，讓大地懶媽媽的龐大

身軀倒向瀝青坑。不過，大地懶媽媽的彎爪仍然牢牢刺著斯劍虎的背部，不肯鬆開。兩隻龐大動物的身體疊在一塊，慢慢沉入瀝青坑。

大地懶寶寶看見後，勇敢跳進瀝青坑想要救自己的媽媽。但是，在瀝青坑裡沒辦法順利游泳，三隻動物的身影就這麼消失在瀝青坑裡。

從拉布雷亞瀝青坑裡，人們發現許多大地懶和斯劍虎等動物的化石。很可能是因為氣候變化，或人類入侵美國大陸後的狩獵行為，害得這些動物走上滅絕之路。

令人心疼的滅絕紀錄

FILE_06

# 在1920年滅絕的野生四不像

*也就是麋鹿

## 因為多次的不幸災難而滅絕?! 四不像的坎坷命運

四不像，多麼不可思議的名字。

為什麼會叫作四不像呢？那是因為這種動物的頭上長了鹿角卻不是鹿、有著像牛蹄的腳卻不是牛、有一張馬臉卻不是馬、身體尾端像驢子卻不是驢子。也就是說，四不像擁有四種動物的特徵，卻不屬於其中任何一種，才會取了這樣的名字。

四不像其實是鹿的同類，棲息地在中國。四不像的數量本來就不多，到了十九世紀中期，只有在當時清朝皇帝的狩獵場才看得到四不像的蹤影。

不過，1895年發生了歷史性的嚴重水災，多數四不像不幸死亡。存活下來的四不像也因為糧食不足，而遭到人們殘忍獵食。

在那之後，因為受到戰亂的影響，野生四不像到了1920年全數滅亡。另外，歐洲動物園飼養的所有四不像被捲入第一次世界大戰，也全都死了。

大家本以為四不像會就這樣滅絕，但奇蹟出現了。

一位英國的貝德福德公爵曾向動物園買來四不像，飼養在自己的土地上。不僅如此，貝德福德公爵當初買來的18隻四不像，已經增加到50隻。

在那之後，四不像的數量繼續增加，並且在1985年回到牠們原本的棲息地，也就是清朝皇帝的狩獵場。

到了現在，世界各地的動物園裡都可以看到四不像的身影。

令人心疼的真實故事

# 10 玻璃窗外的貓媽媽

## 隔著玻璃窗重逢的貓咪母子

這是一位住在日本名古屋市的井上和子女士（化名）親身體驗的故事。

某天早上，和子女士一打開客廳的落地窗，便聽見貓咪的叫聲。

和子女士朝向盆栽的另一端探頭一看，找到了聲音的主人。看見一隻應該是貓咪媽媽的三色貓，以及三隻小小隻的貓咪寶寶。

看著可愛的貓咪寶寶，和子女士實在捨不得趕牠們走。於是，和子女士決定就這麼讓貓咪寶寶住下來，直到牠們長大。

可是呢，到了隔天，和子女士

來到盆栽旁邊時，發現只剩下兩隻貓咪寶寶。和子女士猜想應該是烏鴉跑來叼走了貓咪。再這樣下去，另外兩隻貓咪寶寶也會有危險，所以下定決心要飼養牠們。

貓咪媽媽的眼睛上方有黑色的花紋，會讓人聯想到日本古代的貴族徽章，所以和子女士幫牠取名為「阿貴」。至於兩隻貓咪寶寶，因為和子女士希望牠們能夠得到幸福，所以幫母貓咪寶寶取了「小福」、公貓咪寶寶取了「小幸」的名字，並且帶牠們進屋子裡。

可是，一帶進屋子裡後，阿貴忽然飛快地衝了出去。阿貴是一隻野貓，牠肯定覺得被帶進無處可逃的屋子裡，等於是被帶進最危險的地方。阿貴一溜煙就鑽出只打開一小縫的門縫，逃到屋外去了。

不得已之下，和子女士只好在客廳鋪上給貓咪寶寶睡覺的窩，讓貓咪寶寶喝了牛奶後安心入睡。

到了隔天，和子女士一看，發現落地窗外面出現一隻貓咪。阿貴因為擔心貓咪寶寶們，所以回來了。和子女士心想阿貴這時候應該會願意進到屋子裡，於是打開了落地窗，但阿貴還是不肯進來。

不過，到了隔天的隔天，還有下一個隔天，阿貴每天都會出現。貓咪寶寶們也很自然地養成了習慣，每到早上就會在落地窗前等待母親。如果阿貴出現得晚，貓咪寶寶們就會不鎮靜地在落地窗前面走來走去。

阿貴一家人就這樣隔著落地窗過生活，而且持續了好幾年。說是過生活，但阿貴一家人從來沒有互相碰觸過，牠們沒有一起玩耍過，也沒有一起吃飯過。牠們只會在落地窗的這一端和另一端互相凝視，有時悠哉地躺著翻開肚子給對方看。

有時候阿貴出現時，正好小幸和小福在睡覺，但阿貴會在窗外待上好幾個小時什麼也沒做，似乎光是看著孩子們睡覺就覺得滿足。

## 失蹤的小幸下落

阿貴因為衰老而死去時，和子女士把小幸和小福帶到放著阿貴屍體的箱子旁邊。阿貴母子們從來沒有互相碰觸過，和子女士想要讓牠們見最後一面。

可是，不知道是不是因為無法理解自己的母親已經死去，小幸和小福幾乎沒什麼反應。

在那之後，小幸和小福每天還是持續直直盯著落地窗外看。在這樣的日子裡，小幸在某天突然失蹤了。

過了大約一個月後的雨天，在

距離和子女士住家約30公尺遠的排水溝裡，發現了小幸的屍體。小幸的屍體從脖子到肩膀部位的肉都不見了。從出生後，小幸就一直被當成寵物飼養，牠根本不知道要怎麼捕捉食物。

不過，小幸為什麼要離家出走呢？搞不好是因為想去尋找消失的媽媽。

令人心疼的真實故事

# 11 搶救野生動物

## 幫助動物回歸野外

在日本東京郊外有一家動物醫院，這家醫院會為受了傷的野生動物治療，並幫助牠們回歸野外。

有時候如果傷勢嚴重一些，就必須花費相當長一段時間才行。為了這些傷勢嚴重的動物，這家醫院會與專門從事野生動物保護活動的非營利團體合作，一起幫助動物們進行復健。

不過，回歸野外是一項困難的任務，很多時候會得到令人遺憾的結果。尤其是翅膀受了傷的鳥類，幾乎不可能再回到空中翱翔。

## 鳥巢掉到地上的燕子雛鳥

某天，三隻燕子雛鳥被送到醫院來。三隻燕子雛鳥已經奄奄一息，連呼吸都顯得痛苦。把燕子雛鳥送到醫院來的老婆婆說：

「有燕子在我們家旁邊築了巢。我每天望著雛鳥長大，一直很期待看牠們哪天會長大飛出鳥巢。沒想到……整個鳥巢掉到地上了。」

似乎是有人惡作劇，故意讓鳥巢掉到地上。老婆婆來到醫院拜託醫生想辦法救一救燕子雛鳥，但三隻雛鳥痛苦地橫躺著，沒發出半點叫聲。醫院人員也很想設法幫助雛

鳥們，為雛鳥們做了各種各樣的治療。

可是，到了隔天，還是失去了三個小生命。

## 沒能夠在空中飛翔的紅嘴鷗

某天，一隻站不起來、甚至也無法揮動翅膀的紅嘴鷗被送到醫院來。

紅嘴鷗身上沒有明顯的傷口，卻幾乎沒什麼食慾。醫生懷疑可能是骨頭出了什麼狀況，於是拍了X光片做檢查，但沒有發現任何異狀。

多虧一名醫院人員藤原先生

（化名）一直陪在紅嘴鷗的身邊照顧牠，等到了隔天，紅嘴鷗開始有食慾了。藤原先生拿切片的魚肉餵食紅嘴鷗，雖然吃的不多，但紅嘴鷗慢慢願意進食了。

在那之後過了幾天，紅嘴鷗已經復元到可以勉強自己站起來，但還是揮動不了翅膀。紅嘴鷗一直看似悲傷地望著天空，叫個不停。看見紅嘴鷗的可憐模樣，藤原先生心想一定要想辦法讓紅嘴鷗再次在空中自由飛翔。

藤原先生用盡各種方法幫助紅嘴鷗做復健，像是讓紅嘴鷗做日光浴或腿部伸展運動等等。雖然進度緩慢，但紅嘴鷗漸漸變得有精神。

只要藤原先生一靠近，紅嘴鷗還會開心地轉過頭來，做出向藤原先生撒嬌的舉動。

不過，受到保護後大約過了兩個月的某天早上，藤原先生走近紅嘴鷗想要看一下牠的狀況，紅嘴鷗卻沒有像平常一樣轉過頭來，而是無力地坐著。

「到底是怎麼了？」藤原先生一邊說道，一邊伸手觸摸紅嘴鷗的身體，這才發現紅嘴鷗早已經悄悄斷了氣。

包含藤原先生在內的所有醫院人員，都深信著可以讓紅嘴鷗再次回到空中展翅高飛。大家都不明白為什麼會突然發生這樣的事情。

所有人也再次深刻體會到想要讓受傷的野鳥回到大自然，是一件多麼困難的事情。

## 飛向天空的山鳩兄弟

雖然野生動物的治療是如此地困難，但當中也有平安康復後，回歸野外的例子。

事情發生在某個天氣晴朗的秋天。兩隻才離開巢穴不久、應是兄弟的山鳩受到醫院的照顧。

兩隻山鳩都相當虛弱，其中一隻的頭部受傷，另一隻則是拖著腳走路。

首先，為了讓兩隻山鳩恢復體

力，餵食了營養十足的飼料。幸好傷勢不嚴重，兩隻山鳩很快就復元到能夠到處走來走去。

在那之後，醫院人員讓兩隻山鳩移到空間寬敞的鳥籠裡，讓牠們練習飛行。一開始，兩隻山鳩動不動就會撞上鳥籠，但經過一個星期後，兩隻山鳩就能夠有技巧地飛行了。

兩隻山鳩的傷都已經治好，但其中一隻山鳩頭上的羽毛一直保持豎起的狀態，變成了牠的討喜特徵。復健進行得很順利，在兩隻山鳩被送到醫院來的三個星期後，讓牠們回歸野生的日子終於到來。

醫院人員屏住呼吸在一旁守護，鳥籠的小門打了開來。

兩隻山鳩在小門的邊框上停歇，像在道謝般環視四周好一會兒。下一秒鐘，兩隻山鳩發出「啪唰！」的聲響，強而有力地振翅飛向天空。

醫院人員發出一陣歡呼聲。大家抱著既寂寞又開心的複雜心情注視著天空，遲遲不肯挪開視線。

在那之後隔了一段時間，醫院人員在鳥籠附近看見兩隻山鳩的身影。其中一隻山鳩頭上的羽毛竟然是豎著的。

「牠們回來看我們了呢！」

像是遇到下雨天的時候，也曾看過兩隻山鳩飛進小門敞開的鳥籠

裡，在裡面躲雨。

隨著土地不斷地開發，野生動物能夠居住的地方變得越來越少，人類遇到野生動物的機會也會變多。因為交通意外或惡作劇而受傷的野生動物，被送到醫院來的例子也變多了。希望我們的世界能夠變成人類和野生動物可以和平共存的世界，你說是不是呢？

# 【 索引 】

以下內容依照類別，
針對本書出現過的動物加以整理。

## 哺乳類

## 鳥類

## 爬蟲類

## 兩棲類



## 魚類



## 昆蟲類

## 其他動物

國家圖書館出版品預行編目資料

有淚不輕彈動物圖鑑 / 今泉忠明監修；林冠汾譯.
-- 初版. -- 臺中市：晨星，2019.04
面；公分. --（IQ UP；20）

譯自：泣けるいきもの図鑑

ISBN 978-986-443-858-7（平裝）

1.動物圖鑑

385.9　　108002696

線上填寫本書回函，
立即獲得50元購書金。

IQ UP 20

# 有淚不輕彈動物圖鑑
## 泣けるいきもの図鑑

| | |
|---|---|
| **監修** | 日本動物科學研究所所長 今泉忠明 |
| **插圖** | 內山大助、TOMATO ぱす太 |
| **編寫** | 小崎雄、田口精男、藤原尚太郎 |
| **編輯協力** | アニマルボイス社、江戸川區自然動物園 |
| **譯者** | 林 冠 汾 |
| **責任編輯** | 呂 曉 婕 |
| **封面設計** | 鐘 文 君 |
| **美術設計** | 黃 偵 瑜 |
| **文字校對** | 呂 曉 婕 |
| **創辦人** | 陳 銘 民 |
| **發行所** | 晨星出版有限公司<br>407 台中市西屯區工業 30 路 1 號 1 樓<br>TEL：04-23595820　FAX：04-23550581<br>行政院新聞局局版台業字第 2500 號 |
| **法律顧問** | 陳思成律師 |
| **初版** | 西元 2019 年 04 月 20 日 |
| **總經銷** | 知己圖書股份有限公司<br>106 台北市大安區辛亥路一段 30 號 9 樓<br>TEL：02-23672044 / 23672047　FAX：02-23635741<br>407 台中市西屯區工業 30 路 1 號 1 樓<br>TEL：04-23595819　FAX：04-23595493<br>E-mail：service@morningstar.com.tw |
| **網路書店** | http://www.morningstar.com.tw |
| **讀者服務專線** | 04-23595819#230 |
| **郵政劃撥** | 15060393（知己圖書股份有限公司） |
| **印刷** | 上好印刷股份有限公司 |

**定價 320 元**

（缺頁或破損，請寄回更換）
ISBN　978-986-443-858-7
Nakeru Ikimono Zukan